正（ただ）しく知（し）る！
備（そな）える！

子供の科学
サイエンスブックス
NEXT

火山（かざん）のしくみ

著
及川輝樹
中野 俊

誠文堂新光社

はじめに

みなさんは、火山と聞いて何を想像するでしょうか？ 火口から大きな音を立てて熱いマグマが噴き出したり、噴煙を空高く立ち上げたりする、噴火を想像しますか？ それとも富士山のような整った形の山や温泉などを想像しますか？ 火山は噴火によって災害を引き起こしますが、美しい風景や温泉などの恵みを与えることも事実です。

しかし、噴火はめったに起こらないことから、普通に生活していると、なかなか火山のことを知ることはできないと思います。この本は、火山や噴火の正しい知識や、実際に火山に出かけると何が観察できるのかなどをまとめています。さらに、火山について自分で調べる方法や、火山の監視や防災の仕組みなどについても紹介しています。夏休みの自由研究に使えるようなことも紹介していますので、この本をきっかけに、自分で火山のことを調べてみると、さらにおもしろくなると思います。

日本列島にはたくさんの活火山があるので、避けて生活することは難しいです。火山に親しみをもち、正しく知ることでよりよく生活することができます。この本を読んで、火山を知り、生きている地球を感じてみてください。そして、ぜひ火山を訪れていろいろ観察し、理解を深めてください。

火山と活火山

火山と活火山、何が違うのでしょう？　火山には、もうすでに噴火しないものも含まれます。そういったことで、今後も噴火する可能性が高い火山を、もう噴火をやめた火山と区別するため、活火山と呼んでいます。今後も噴火しそうかを正確に判断することは難しいのですが、日本では「概ね1万年前より新しい時代に噴火した火山」を活火山としています。それをもとに、現在（2024年）、気象庁は国内の111の火山を活火山としています。

動画も見てみよう！

動画は子供の科学のWebサイト「コカネット」内にある、「サイエンスブックスNEXT特設サイト」からご覧いただけます。

https://www.kodomonokagaku.com

もくじ

はじめに 2

日本の火山地図 6

1章　火山ってなんだ？ 7

火山って何？ 8

火山の中はどうなっている？ 10

マグマって何？ 12

マグマが固まった石 14

さまざまな噴出物 16

降ってくるもの、流れてくるもの 18

いろいろな噴火 20

噴火の種類 22

噴火の大きさ 24

実験してみよう　噴火実験！ ペットボトル火山 26

コラム　石は山のかけら 河原や海で拾う火山岩 28

2章　日本の代表的な火山 29

火山に出かけてみよう 30

日本一広いカルデラと火山がつくった湖 屈斜路湖と摩周湖 32

東北地方で二番目に高い 鳥海山 34

東北地方で一番噴火している 蔵王山 36

島の住民が一晩で全員逃げ出した 伊豆大島 38

首都圏近くの活発な火山 浅間山 40

日本一高い 富士山 42

高く大きな 御嶽山 44

巨大噴火でつくられた 阿蘇山 46

コラム　大陸や海底に分布する超巨大火山 48

3章	**火山災害について知ろう** ……………………………… 49

火山災害の特徴 ……………………………………… 50

噴火の予測 …………………………………………… 52

日本の火山防災　火山防災協議会、火山防災マップ、噴火警戒レベル　54

教えて！火山の仕事 気象庁の火山監視システム ………… 56

コラム 郷土の歴史から噴火を調べる ……………… 58

4章	**火山について調べる** ………………………………… 59

火山を調べる ………………………………………… 60

コラム 地形図とは？ 地質図とは？ ………………… 60

火山がつくる地形 …………………………………… 62

地質図で火山を調べる ……………………………… 64

火山噴出物を調べよう ……………………………… 66

教えて！火山の仕事 年代測定で火山の一生を追う …… 68

教えて！火山の仕事 火山ガスから噴火の仕組みを知る … 70

火山と環境1　噴火による気候変動 ……………… 72

コラム 月食と火山噴火 …………………………… 73

火山と環境2　川の変化や軽石の漂流 …………… 74

おわりに ……………………………………………… 76

さくいん ……………………………………………… 78

単位、記号、略語　この本に登場する単位や記号、略語を紹介します。

単位

mm	ミリメートル	km	キロメートル	kg	キログラム
cm	センチメートル	m³	立方メートル	㎖	ミリリットル
m	メートル	km²	立方キロメートル	%	パーセント

記号

℃	温度
E	東経
N	北緯

元素記号

C	炭素
Ar	アルゴン
K	カリウム

略語

GNSS	全球測位衛星システム	VEI	火山爆発指数	噴火 M	噴火マグニチュード

日本の火山地図

日本には111の活火山があります（▲）。ただし、これには、北方領土や海底の火山も含まれるため、私たちが実際に見ることができるのは、約90の火山です。このうち、噴火の可能性が高いとして、気象庁が24時間体制で監視・観測している火山は50です（2024年現在）。地図には、この50の火山と近年噴火した西之島と福徳岡ノ場、そして24時間の監視体制の整備が進められている中之島の名前が書かれています。

1章

火山ってなんだ？

火山って何？

噴火する山

「火山」って聞いたことがありますよね。時々テレビニュースなどでも取り上げられますが、どろどろに溶けたマグマが流れたり、火山灰が噴き出したりすることを火山噴火、略して噴火と言います。このような噴火をしてできた山が火山です。もちろん、今は噴火をしていなくても、昔、噴火していたところも火山です。そして、マグマや火山灰を噴き出した場所が火口（または噴火口）です。火口からは、溶けたマグマが流れたり、流れなくて盛り上がったり、噴き飛んで破片になったりしながら、火口の周りに積み重なっていきます。そうすると、だんだん高くなっていきます。それ全体が火山です。ですので、火山は山なのです。なお、火山ができるのは陸上だけではありません。海底にもたくさんあります。例えば、有名なアメリカ合衆国のハワイ島の火山など、もともと数千mも深い海底で噴火が始まって少しずつ成長していき、やがて海の上に出て陸地となり、今では標高 4000 mを超える高さになっています。

図1　噴火する桜島（鹿児島県）
火口から火山灰を含む噴煙が上がっている。

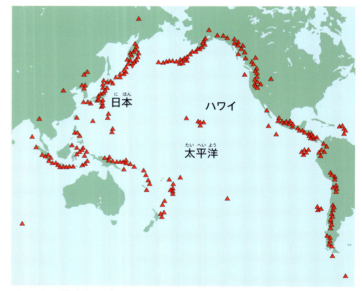

図2　太平洋周辺の火山分布
太平洋周辺には火山が多く、環太平洋火山帯とも呼ばれている。陸上の主な火山の分布を▲で示している。深い海底の火山は示していない。

火山ができる場所

　火山はどこにでもできるわけではありません。一般的には、火山が生まれる場所は3種類の場所に限られています。プレートテクトニクスという言葉を聞いたことがありますか？　地球の表面は十数枚に分かれた厚さ30〜100kmの板状の岩盤（プレート）に覆われています。それぞれのプレートは年に数cmや20cm、ゆっくりと押したり引いたりしながら、少しずつ動いています。その現象をプレートテクトニクスと呼んでいます。地球の表層部を地殻、その下をマントルと言いますが、プレートとは地殻とマントル最上部を合わせた部分です。マントルがゆっくりと動いていることにより、プレートテクトニクスが起こっているのです。

　このプレートが互いに押し合うと、一方が下に沈み込んでいく場所（海溝）があります。そこを沈み込み帯と言いますが、そういう場所では沈み込まれた側（大陸プレート）の内部でマグマが生まれ、やがてマグマが上昇して火山が生まれます。日本列島はそういう場所です。

　次に、プレートが分かれていく場所、そこには海嶺という長い山脈ができます。この両側のプレートを海洋プレートと言い、大部分は深い海底です。プレートが開くとそこに地下からプレートの下のマントルがわき上がってきて、マグマができます。プレートが両側に広がって火山が生まれ、火山の山脈ができるのです。

　もう1つ、ホットスポットと呼ばれる場所でも火山が生まれます。プレートの下のマントルの一部がわき上がってくる場所（ホットスポット）が地球上に何か所もあり、マントルが溶けてマグマとなり、上のプレートに穴があいて火山が生まれます。ハワイ島はそのよい例です。

図3　火山が生まれるところ
プレートが動くプレートテクトニクスによって、火山が生まれるところには3つのタイプがある。圧力が下がったり（❷と❸）、水が加わる（❶）と岩石が溶けやすくなり、マグマができる。

火山の中はどうなっている？

火山の中身

　火山の内側はどうなっているでしょうか？　生まれたばかりの火山では、その内側を見ることができませんが、少し古い時代の火山では川によって削られたり山が崩れたりして、その内側を見ることができます。あとで説明するように、火山にもいろいろな形や種類がありますが、日本でよく見られる火山として、富士山のような形の火山を例に説明しましょう。

　火山はマグマが噴き出してできた山ですから、深いところには溶けているマグマが溜っています。これをマグマ溜りと言い、地下数kmから40kmくらいにあるはずだと考えられています。もちろん、直接見ることはできませんが、地震や電気の伝わり方などの観測によってわかってきています。古い火山ならば、地下のマグマ溜りは冷えて固まってしまっているでしょう。このマグマ溜りから上に向かって、マグマの通り道である火道があります。火山の山頂まで通じていれば、そこには山頂火口ができています。しかし、いつも山頂で噴火するわけではありません。マグマが火道を上昇できない時は、中心の火道をそれて岩を割りながら、マグマは動いていきます。これが地表に達した場合に起こる噴火が側噴火です。その火口を側火口、あるいは側火口がいくつもできて繋がっていれば割れ目噴火そして割れ目火口と言います。いずれの火口でも溶岩を流したり火山灰を噴き出したりします。溶岩とは、地表を流れるマグマ、あるいは流れて固まったマグマのことです。これらをまとめて火山噴出物と言いますが、繰り返し噴火する山頂火口を中心に、麓に向かって多くの溶岩や火山灰の層が何十枚も何百枚も積み重なっています。

　なお、地下で横にそれたマグマは地表に届かずに途中で固まってしまうことがあります。この固まってしまった板状のマグマの通り道を岩脈と言い、層状に積み重なった溶岩や火山灰の層を貫いている様子がしばしば観察できます。

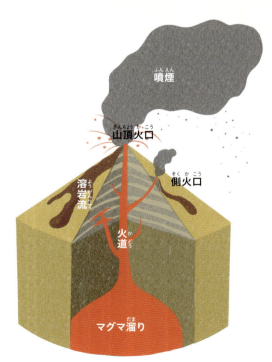

図1　火山の断面図（成層火山）
火山の中を見ると、たくさんの溶岩や火山灰が積み重なって地層になっていることがわかる。

図2 樽前山の溶岩ドーム（北海道）
溶岩が盛り上がった火山。大きな火口の中に1909年にできた。

図3 西之島の火砕丘（東京都小笠原諸島）
火口から噴き出したものが転がってなめらかな斜面になっている。中腹から溶岩が流れている。

火山の種類

　火山にはいろいろな形があります。それは、マグマの種類だけでなく、噴出物の種類によってさまざまに変わります。富士山のように、何度も噴火を繰り返して大きくなった円錐形の火山を成層火山と言います（図1）。日本ではこのタイプの火山がたくさん見られます。長ければ百万年の時間をかけて噴火を繰り返し、いろいろな種類の噴出物を噴き出して成長しています。

　マグマは成分によって、さらさら流れるか、それとも火口からこんもりと盛り上がるのかなどの違いが生まれます。さらさらの溶岩だけを流す火山は日本にはほとんどないのですが、盾状火山と言い、緩やかな斜面を持つハワイ島の火山がその典型です。溶岩が火口から出ても粘り気があって流れにくい時はその場でこんもりと盛り上がり、鍋を伏せたような形になります。これを溶岩ドームと言います（図2）。

　実際の噴火では、溶岩がしずしずと流れ出るだけではなく、爆発して溶岩が破片になったり、細かい火山灰になったりしますが、そういうものを火砕物と言います。火砕物が火口の周囲に積もってできるのが火砕丘です（図3）。火砕丘の麓から溶岩が流れ出していることもよくあります。どんな火砕物かによって、また、火砕物がどう積もるかによっていろいろな名前がつきますが、それは別の機会にお話ししましょう。

　最後にお話ししておきたいことがあります。火山地形の1つ、カルデラについてです。カルデラとは直径が2km以上の大きな火口です。直径が10kmを超えるものも少なくありません。カルデラにもいろいろなでき方があります。めったには起こらない噴火ですが、大量のマグマが噴出し、マグマ溜りの天井がすっぽりと陥没して地表に大きなくぼ地（カルデラ）ができるタイプがあります。高温の火砕物が時速100kmの速さで大量に流れ下る現象（火砕流）や、はるか遠方まで火山灰が届くような規模の大きな噴火が起こると、大きなカルデラができます。この場合、大きなカルデラでも、山として高くはなりません。

マグマって何？

マグマのでき方

溶けているマグマは900℃ないし1200℃の高温で、先に書いたようにそのまま地表に出ると溶岩、マグマが火口から砕けて噴き出すと火砕物と呼びます。では、地下深くから上がってくるマグマとは、何でしょうか？

マグマは、地下深くのマントルの上部あるいは地殻の下部の岩石が溶けてできたものです。マントル自身はゆっくりと動く固体（岩石）です。普通は溶けていませんが、温度が上がったり、圧力が下がったり、水が加わるなどの変化が起こると、部分的に溶けて液体のマグマができることがわかっています。

溶けるといっても、全部が溶けるわけではありません。マントルをつくる岩石をかんらん岩と言い（図1）、多くはかんらん石という鉱物（結晶）の集合体なのですが、結晶の外側だけが溶けたり、それ以外の鉱物が先に溶けたり、よほどでないと部分的にしか溶けません。もとのかんらん岩がどのような鉱物を含むのか、どの程度の割合で溶けるのかなどによって、最初に生まれるマグマの性質や成分が変わってきます。

液体のマグマのしずくは、固体のかんらん岩よりも軽いので、徐々に染み出して少しずつ集まっていき、周りの硬い岩石を割りながら地表に向かって上昇してきます。そして周囲と重さが釣り合うと上昇しなくなって、集まってマグマ溜りとなります。その後、温度と圧力の変化などによって結晶ができたり、周囲の岩石を溶かしたり、いろいろな現象が起こり、マグマの成分は変化していきます。

マグマはなぜ地下から噴き出すのか？

地下に溜っていたマグマは、そのまま冷えて固まってしまうこともありますが、それでは火山ができません。溶けているマグマから重たい結晶が沈んでいくと、マグマは軽くなって上昇します。密度が周りの溶岩と釣りあえば止まり、マグマ溜りができます。これを繰り返して変化しながら再び上昇し、火山の下の数kmから10kmくらいのところで火山直下のマグマ溜りとなります。もともとマグマの中には、水や二酸化炭素などの気体（火山ガス）になる成分が溶けて含まれています。マグマが上がってくる途中で結晶ができるにつれ、結晶中に取り込まれないガス

図1　マグマに取り込まれたかんらん岩（佐賀県高島）
深いところから一気に上がってきたマグマには、マントルの岩石を取り込んでそのまま運んでくるものがある。

成分はだんだんと濃くなり、やがて一部は溶けていられずに気体、つまり泡になります。これを気泡と言います。溶岩のかけらを観察するとよく小さな穴がたくさん開いていることがあります（図2）。それが気泡です。

小さな気泡ができたマグマは、全体として軽くなり、周りの岩石を押し広げて割れ目をつくりながら地表に向かってさらに上がっていくだけでなく、圧力も下がるため、小さな気泡がさらに大きくなり、たくさんできるようになります。マグマはこれを含んだまま地表付近まで上がってきます。例えば、水は水蒸気になると約1700倍もの体積になるので、マグマ自体の体積もふくれ上がります。これがついに地表から一気に噴き出すのが、火山の爆発です。その場所が火口です。

火口からは溶けたマグマ（溶岩）のほか、大量の水蒸気や二酸化炭素、二酸化硫黄などの火山ガスも放出されます。マグマが火山ガスを放出しながら溶けたまま火口から流れ出すことも、マグマがバラバラの破片になって噴き出すこともあります。もともとのマグマの性質やガス成分の量などによって、どんな噴火をするかが変わってきます。

図2　富士山の青木ヶ原溶岩流（山梨県）
溶岩には白い鉱物（斜長石）と気泡がたくさんできている。

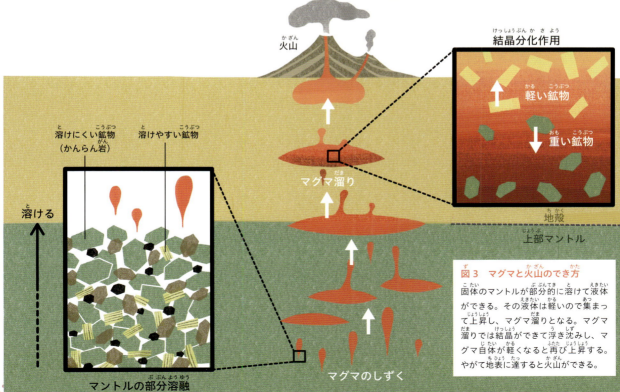

図3　マグマと火山のでき方
固体のマントルが部分的に溶けて液体ができる。その液体は軽いので集まって上昇し、マグマ溜りとなる。マグマ溜りでは結晶ができて浮き沈みし、マグマ自体が軽くなると再び上昇する。やがて地表に達すると火山ができる。

マグマが固まった石

火山岩の種類

マグマが固まった岩石を火成岩と言いますが、このうち地下深くでゆっくり固まったものを深成岩、地表に噴き出して固まったものを火山岩と言います。火砕物が固まったものも火山岩に含みます。深成岩の代表的なものは花崗岩です。ここでは、火山岩すなわちマグマが地表で固まった溶岩を、含まれている成分によって分類してみましょう。

日本の火山岩の大部分は玄武岩、安山岩、デイサイト、流紋岩の4つに分類されます。このうち玄武岩は最も流れやすいうえ、含まれるシリカ（二酸化珪素）成分が少なく、鉄やマグネシウム成分が多いという特徴があります。このシリカ成分は、安山岩、デイサイト、流紋岩の順に増えていきます。これらの岩石をよく見ると、1mmから1cmほどの大きさで目に見える結晶が含まれており、これを斑晶と言います。斑晶には、有色鉱物つまり色のついた鉱物（かんらん石、輝石など）と、無色鉱物つまり透明あるいは白い鉱物（長石、石英など）があり、どちらも含まれていることが普通です。もちろん、斑晶がほとんどない岩石もあります。また、斑晶以外の部分は石基と言います。顕微鏡で見ると石基は小さな鉱物やガラスの集まりです。

これらの岩石では、成分が変化すると流れやすさが変化するとお話ししましたが、温度、密度、斑晶の種類や量なども変化します。玄武岩は温度が高く密度も大きく、一般にはかんらん石や輝石が含まれます。安山岩では輝石や角閃石が、デイサイトや流紋岩では石英や黒雲母が含まれることが多くなります。斜長石の斑晶は、ほとんどの火山岩に含まれます。また、玄武岩は黒い、流紋岩は白い、安山岩はその中間であるとよく言われます。ただし、見かけの色で岩石の種類を判断するとまちがえることもあるので注意しましょう。

図1 岩石（火山岩）の種類

	玄武岩	安山岩	デイサイト	流紋岩
シリカ含有量	少ない（約53%）	（約63%）	（約70%）	多い
溶岩の粘り気	流れやすい			流れにくい
溶岩の温度	高い（約1200℃）			低い（約900℃）
噴火の様子	穏やか			爆発的
火山の形		成層火山	溶岩ドーム	
固まった溶岩の色	黒っぽい			白っぽい
代表的な火山	富士山、伊豆大島	浅間山、桜島	雲仙岳、有珠山	神津島、新島

図2 浅間山の軽石（長野県、群馬県）
1783年のプリニー式噴火（23ページ）で麓に降ったもの。火口に近いほど大きい。穴だらけで水に浮く。

図3 富士山の紡錘状火山弾（静岡県、山梨県）
山頂火口の噴火で噴き出した細長い形をした火山弾。ハンマーの柄の長さは30cm。

図4 浅間山のパン皮状火山弾（長野県、群馬県）
最近のブルカノ式噴火（23ページ）で火口から斜面に吹き出した火山弾。フランスパンのような表面をしている。

軽石、火山弾

　固まっていないマグマが火口から噴き出す時あるいは空中でバラバラになってできた火砕物について紹介しましょう。

　まずは軽石です。この分類では大きさは関係なく、砂粒くらいのものもあれば数mにもなるようなものもあります。軽石は、気泡がたくさんできて火口から噴き出したマグマの破片です。気泡がたくさんあるので見かけの密度が小さく、水に浮きます。また、急激に冷やされるので石基の部分が結晶にならず、ほとんどがガラスです。この軽石によく似たものにスコリアがあります。軽石が白っぽいのに対し、スコリアは黒っぽいものが多く、正確ではないものの、軽石は白い、スコリアは黒いと覚えておくとよいでしょう。スコリアは少し重たく、水に浮きません。

　火山弾は、溶けているマグマがちぎれて火口から放出されたものです。空中を飛ぶ間に冷やされ、紡錘状、球状、リボン状、パン皮状、牛糞状など、いろいろな形になります。ねじれたり空中で引きちぎられて、いろいろな特徴を持つ形になります。着地する時には多くの場合は固まっていますが、軟らかいと着地してから形が変わることもあります。

15

さまざまな噴出物

溶岩と火砕物

　噴火が起こると、火口から溶岩（溶岩流と呼ばれることも）が流れることがあります。

　溶岩が流れやすい時でも、それはせいぜい人が歩く程度の速さです。溶岩は表面の形態によって分けられています。日本では一部の火山でしか見られませんが、なめらかな表面になったり、縄のような模様になるパホイホイ溶岩と、数cmから十数cmほどの大きさのとげとげした破片が表面を覆うアア溶岩があります。どちらもハワイ語に由来する言葉で、ハワイの火山でよく見られます。もう少し流れにくくなると溶岩は厚みを増し、表面や周辺部がブロック状に割れるブロック溶岩（塊状溶岩）という形態になります。これは、日本の火山ではたくさん見られます。さらに流れにくい溶岩は、火口の上に盛り上がって溶岩ドームと呼ばれる、ゆっくりと火口から頭を出してそのまま固まった溶岩です。場合によっては、すでに固まった溶岩が火口から押し出されてくることもあります。

　11ページにも書きましたが、溶岩が流れる以外には、マグマが細かく砕けた破片が空中に噴き上がったり、山の斜面を流れ下ったりします。マグマやそれが固まった溶岩が細かく砕けたものを、まとめて火砕物と呼びます。昔は火山砕屑物という呼び名もありました。この破片が火口の周りに降り積もると火砕丘となります。そしてこの火砕物が固まったものが火砕岩です。

図1　ブロック溶岩（長野県横岳）
北八ヶ岳の横岳から流れ出した一番新しい溶岩が山の南側の坪庭に広がっている。大きいものでは数m以上もある角張ったブロックが、溶岩流の表面を覆っている。
→63ページの図4

図2　アア溶岩とパホイホイ溶岩
（ハワイ島キラウエア火山）
がさがさした表面のアア溶岩（左）となめらかな表面のパホイホイ溶岩（右）が重なっている。

図3 桜島から降った火山灰（2010年1月15日、鹿児島県）
火山灰は上空で風に流され、風下側に降り積もる。

火山灰の拡大写真
降り積もった火山灰を採取し、顕微鏡で観察する。

破片の大きさで名前が変わる

図4 2000年に噴火した際の三宅島の火山岩塊（東京都伊豆諸島）
大量の火山岩塊が噴火で飛び出し、樹木の枝や葉がすっかり落とされ、一面灰色の世界になり、近くの建物も壊された。

　火砕物を分類する方法はいくつかあります。溶岩が砕けてできた大小さまざまな破片は、必ずしもその時の噴火でできたものとは限りません。火口の周りにすでにあった、昔の噴火で流れた溶岩を砕いて噴き飛ばすこともあります。また、さらにこれが砕けても火砕物です。まだ固まっていないマグマが破片になると、液体から急に冷えて固体になったことを示す特徴が残ります。こういう特徴がない場合、その時の噴火で冷えて固まっていた溶岩の破片と、昔の噴火で固まった溶岩が砕けたものとを区別することはとても難しく、その破片1つだけ見てもなかなか区別できません。

　火砕物をその破片の大きさだけで区別してみましょう。火砕物のうち、直径が2mmより小さいものは火山灰と呼びます。空に上がれば風に乗って火山よりずっと遠くまで流されていきます。灰と言っても岩石の細かいかけらです（図3）。

　火山灰より大きいもので、直径が2mmから64mmのものを火山礫と呼びます。このくらいになると、火口からせいぜい10kmの範囲にしか飛んでいきませんが、軽い火山礫は少しは風に流されることがあります。64mmより大きなものは火山岩塊と言います（図4）。場合によっては、大型トラックあるいはそれ以上の大きさのものが、火口から噴き上がることもあります。

17

降ってくるもの、流れてくるもの

空から降ってくるもの　降下火砕物

　噴火で空から降ってくる軽石や火山灰、火山弾などの火砕物は、降下火砕物と呼ばれます（図1、2）。これは、火口から投げ上げられて弧を描いて飛んでくるようなもの、噴煙とともに空高く巻き上げられてそこから降ってくるものなどに大きく分けられます。火口から弧を描いて飛んでくるものは、投出岩塊とも呼ばれ、気象庁はこれらを噴石と呼んでいます。石が飛んでくるので大変危険ですが、火口から数kmしか飛びません。

　一方、噴煙に含まれる軽石や火山灰などの火砕物は、風に流されて広い範囲に降ります。大規模な噴火になればなるほど、噴煙は高く上がるので、上空の強い風で風下側に流れて広い範囲に軽石や火山灰などを積もらせます。100km離れた場所にも、あたり一面に数十cmほどの厚さで積もることもあります。

図2　噴煙から降る火山灰
（宮崎県、鹿児島県、霧島火山新燃岳）

図1　火口から投げ出される岩塊（投出岩塊）
（宮崎県、鹿児島県、霧島火山新燃岳）

図3 火砕流（鹿児島県口永良部島）
気象庁の監視カメラより。山の斜面を駆け下りている噴煙が火砕流。噴火に驚き飛び立った鳥（丸で囲んだ部分）も写っている。

図4 溶岩流（宮崎県、鹿児島県、霧島火山新燃岳）

地をはうように流れ下るもの 火砕流と溶岩

　火砕物が空高く舞い上がらずに、地をはうように流れ下ることもあります（図3）。火口から噴き出た火砕物と火山ガスはすぐ周囲の空気を取り込み温めます。それらの混じったものが、周囲の空気（大気）より軽ければ雲のように上昇し噴煙となります。しかし、周囲の空気より重ければ、空に上れず、崩れて地をはう流れとなるのです。このような流れは、火砕流と呼ばれます。火砕流は速く、時速100kmを超えることもある上に、しばしば数百度以上の高温の流れにもなります。また、小規模なものでも火口から数kmも流れます。そのため、とにかくあらかじめ逃げておかないと、大変なことになる噴火現象です。
　一方、マグマが砕けずに火口から連続して流れ出ると、溶岩となります（図4）。溶岩は、比較的速く流れ下るものでも、時速10km程度で、多くのものはそれよりずっと遅い流れです。
　その溶岩の先端が崩れ、火砕流が発生することがあります。多くの場合ずんぐりむっくりした溶岩である溶岩ドーム（11ページ）が、成長しながら先端が崩れることで火砕流が起こります。雲仙普賢岳が1990〜95年に噴火した時には、このような火砕流が度々流れ出ました。実は火砕流は、噴火の度に発生するものではないため、火山学者でも火砕流を見たことがある人は少ないのです。長崎県の雲仙普賢岳では、数年間にわたって9000回以上もの火砕流が発生したため、当時の日本の火山学者の多くが火砕流を実際に観察することができました。

いろいろな噴火

爆発的噴火と溶岩噴火

　噴火というと、赤く熱いマグマを想像することが多いでしょう（図1）。このように、マグマが直接出てくる噴火はマグマ噴火と呼ばれます（図3）。規模の大きな噴火は、ほとんどがマグマ噴火です。

　マグマ噴火は、大きく2つに分けられます。火砕物が出る爆発的噴火と溶岩噴火です。マグマは、泡の力で軽くなり、地下から上がってくることは、前にお話ししました。この泡がたくさん含まれていると、泡がはじける時に、マグマがバラバラになります。そのバラバラになったものが火砕物となります（16ページ）。火砕物が出てくる噴火は、爆発的噴火と呼ばれます。爆発的噴火は、さらにいろいろな種類に分けられるので、22～23ページで詳しく説明します。また、泡がそれほど含まれていないと、マグマがはじけず、火口から連続的に流れ出る溶岩噴火となります。溶岩噴火は、マグマがあふれ出るような噴火であるため、溢流（あふれ流れること）的噴火とも呼ばれます。

図2　水蒸気噴火（北海道有珠山）

図1　マグマ噴火（熊本県阿蘇山）

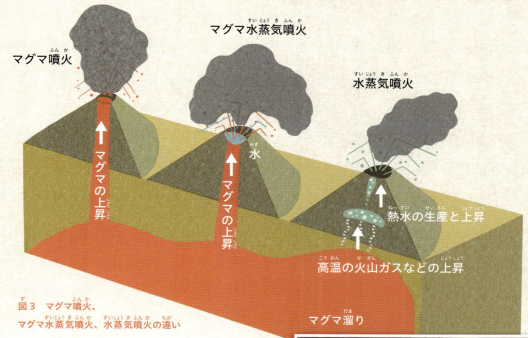

図3 マグマ噴火、マグマ水蒸気噴火、水蒸気噴火の違い

マグマ水蒸気噴火と水蒸気噴火

マグマが地表に出てくる時、湖や海などの地表にある水や多量の地下水に触れると、水が急激に温められ、多量の水蒸気が生まれます（図3）。この水蒸気とマグマが一緒になって出てくる、マグマ水蒸気噴火と呼ばれる噴火もあります（図4）。水から水蒸気になる時に1700倍もふくらむので、このような噴火は爆発力が強くなり危険です。

一方、マグマが出てこない水蒸気噴火と呼ばれる噴火もあります（図2、3）。水蒸気噴火は、地下でマグマや火山ガスの熱によって温められた熱い水（熱水）や、地下に閉じ込められた火山ガスによって引き起こされます。水は、地表では100℃以上になると水蒸気になりますが、地下では抑えつけられて、100℃以上でも水の

図4 福徳岡ノ場のマグマ水蒸気噴火（東京都小笠原諸島）

ままでいることができます。そのような熱水が、突然地表に出てくると、圧力が下がって一気に水蒸気となり、急激にふくらみます。多くの水蒸気噴火は、そのようにして起こるのです。大きなマグマ噴火よりは小さいのですが、それでも人間にとっては大きな噴火となります。また、数が多いことも特徴です。噴火の発生前に、はっきりしとした前兆がなく、避難などが行えずに、被害が拡大することがあります。

21

噴火の種類

マグマが出てくる噴火にはさまざまなものがありますが、特徴的な噴火には「〇〇式噴火」という名前がつけられています。〇〇には、特徴的な噴火を行った火山の名前が入ることが多く、ここではそのような噴火の種類をいくつか紹介します。不思議なことに、とある火山のある時代の活動は、似たような噴火を繰り返すことが多いのです。

ハワイ式噴火

溶岩を噴水のように連続的に噴き上げる、比較的穏やかな爆発的噴火です（図1）。世界的に最も活動的な火山の1つである、ハワイ島の火山でよく起きていることから、ハワイ式噴火と言います。火口から噴き上げる溶岩は、溶岩噴泉と呼ばれ、数百mもの高さになることがあります。しかし、スコリアや火山灰などの火砕物を広い範囲にまき散らさない噴火です。日本では、伊豆大島の1986年の活動前半の噴火は、このタイプの噴火でした。

ストロンボリ式噴火

火口から火山弾などの火砕物をとぎれとぎれに噴き上げる噴火は、イタリアのストロンボリ島で頻繁に起こっているため、ストロンボリ式噴火と呼ばれます。この噴火の爆発力は弱く、あまり大きな噴火にはなりません。そのため、ストロンボリ島では今でも噴火が続いていますが、危険が少ないことから、山に登って火口近くで噴火を見ることが可能な観光登山をすることができます。日本でこのタイプの噴火は、1970年に東北地方の秋田駒ヶ岳（図2）で発生したほか、九州地方の阿蘇山の中岳でもよく起きています。

図1 ハワイ式噴火の例、マウナロア火山（ハワイ島）

図2 ストロンボリ式噴火の例、秋田駒ヶ岳（秋田県、岩手県）

プリニー式噴火

背の高い噴煙を連続で立ち上げ、多量の火砕物を広い範囲にまき散らす大規模な爆発的噴火を、プリニー式噴火と呼んでいます。大規模な噴火で、火山から数十kmも離れた場所にも、1m近くの厚さで軽石を積もらせることがあります。ローマ時代に『博物誌』という本を書いた、プリニウスという学者にちなんで名づけられました。プリニウスは、イタリアのベスビオス火山が79年に噴火した時に、救援に向かい命を落としました。その時の噴火の様子を養子の小プリニウスが記録に残したことから、プリニー式と呼ばれるようになったのです。日本では、1915年の桜島の噴火（大正噴火）や北海道駒ヶ岳の1929年の噴火（図3）などが、プリニー式噴火に当てはまります。

図3　プリニー式噴火の例、北海道駒ヶ岳（北海道）

ブルカノ式噴火

強い爆発を伴い、数分から数十分程度の短い時間でおわる爆発的噴火です。噴煙は数kmの高さまで上がります。1回の噴火は、火山噴火としては小さいものですが、そのような噴火が何回も起きて活動が長期化することがあります。例えば、桜島では、1950年頃から度々ブルカノ式噴火が起きるようになり、現在もその活動が続いています（図4）。そのほか、浅間山や鹿児島県の諏訪之瀬島などでも、度々発生しています。

図4　ブルカノ式噴火の例、桜島（鹿児島県）

噴火の大きさ

　噴火にはさまざまな大きさのものがあります。噴火の大きさは、主に火砕物の量で決める火山爆発指数（VEI）と、溶岩も含めた噴出物の総重量から求める噴火マグニチュード（噴火M）の2つがあります。

　両方とも、10から100、100から1000と10倍ごとに、1つずつ数字が上がっていきます。火砕物が100万m³（0.001km³）ないし噴出物が10億kg出た噴火は、VEIが2で噴火Mが2。火砕物が1000万m³（0.01km³）ないし噴出物が100億kg出た噴火は、VEIが3で噴火Mが3となります（図1）。

　最近、桜島で起きている1回の爆発は、VEIは1程度。2014年に御嶽山で発生した噴火は、VEIは2で噴火Mは2。日本の南方にある海底火山の福徳岡ノ場で2021年に発生した噴火のVEIは4です。この噴火により、1000km以上離れた沖縄に多量の軽石が流れ着きました。カルデラをつくるような噴火は、通常、VEIが6以上の噴火となります。阿蘇カルデラをつくった噴火は、さらに大きく、VEIは8で、噴火Mは7と桁違いどころか、想像もつかないような規模の噴火も発生します。

　このように噴火には、さまざまな規模のものがあります。よくニュースなどで「大規模な噴火」と言われるものより、もっと大きな噴火があることを覚えておきましょう。

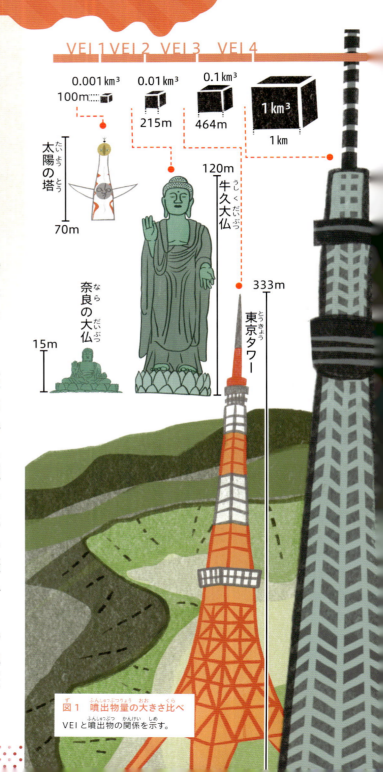

図1　噴出物量の大きさ比べ
VEIと噴出物の関係を示す。

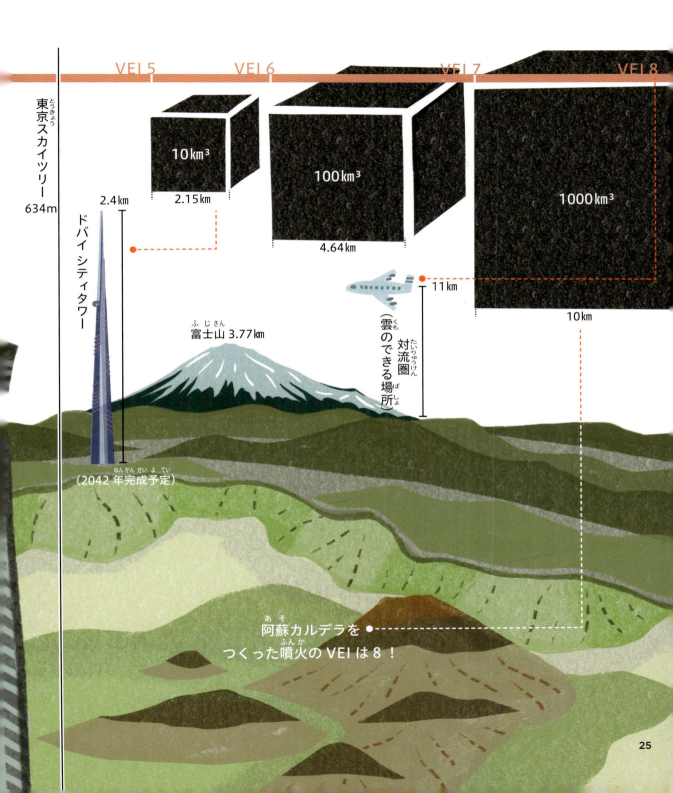

実験してみよう
噴火実験！ペットボトル火山

マグマが噴火するのは、マグマにたくさん入っている火山ガスの泡のためだとお話ししました。ペットボトルと水やクエン酸、重曹を使って、マグマに似た環境をつくり、このことを確かめてみましょう。実験は、水にクエン酸と重曹を溶かすと、炭酸ガスが発生することを利用して行います。

図1 用意するもの

※よく乾いたものを使う。

- ☑ ふたつきのペットボトル ……… 2本
  ※できれば350㎖のサイズ。なければ500㎖でもよい。1本はよく乾かしておく。
- ☑ クエン酸 ……… 大さじ1〜2杯
- ☑ 重曹 ……… 大さじ1〜2杯
  ※クエン酸と重曹は、洗剤や食品としてスーパーやドラッグストアなどに売っています。
- ☑ 水 ……… 200㎖
- ☑ 食器洗いの洗剤 ……… 少し
- ☑ ビニール袋（90〜100㎠）… 1枚
- ☑ くぎ ……… 1本
- ☑ テープ ……… 適量

実験の注意

＊家の中などの屋内でなく、水道が使える周りがぬれてもよい屋外で行いましょう。

＊実験で使う液や実験中に勢いよく噴き出した液が目に入らないように注意しましょう。

＊くぎでペットボトルのふたに穴を開ける時は、手をケガしないように気をつけましょう。

ここで行うのは、ペットボトルの中でクエン酸と重曹を溶かして炭酸ガスを発生させ、噴火させる実験です。ペットボトルはマグマ溜り、最初にペットボトルのふたに開けた穴は火口に当たります。食器洗いの洗剤を入れたのは、泡を見やすくするためです。

　実験の準備はできたでしょうか？　ペットボトル火山は完成したでしょうか？　手早く実験する必要があるので、準備が整ってから図2の手順にしたがって実験を始めます。

　では、ペットボトル火山を噴火させてみましょう。固定したペットボトルに素早く水を注ぎ、素早くふたをします。すぐにクエン酸と重曹が反応して泡が立ち、ふたの穴から勢いよく噴き出して「噴火」します。うまくいくと高さ1m以上も噴き出します。

　初めは炭酸ガスがたくさん入っているので、ふたの穴から勢いよく液が飛び出しますが、ガスが少なくなるにつれ、液はブクブクと穴から流れ出るようになります。最初の勢いのよい噴火が爆発的噴火で、ブクブクと穴から流れ出る噴火が溶岩噴火に当たります。泡の量で噴火が変わることが実感できたでしょうか？

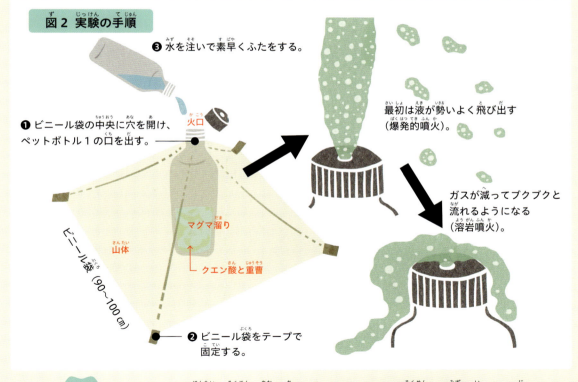

図2　実験の手順

❶ ビニール袋の中央に穴を開け、ペットボトル1の口を出す。
❷ ビニール袋をテープで固定する。
❸ 水を注いで素早くふたをする。

火口
マグマ溜り
クエン酸と重曹
山体
ビニール袋（90〜100 cm）

最初は液が勢いよく飛び出す（爆発的噴火）。

ガスが減ってブクブクと流れるようになる（溶岩噴火）。

おまけ　ペットボトル本体の側面に穴を開け、ホースをつないで側面から水を入れても似たような実験が行えます。この実験では、クエン酸を水に溶かした液と、重曹を水に溶かした液を混ぜ合わせることで、もっと大きな「噴火」を起こさせることもできます。

コラム

石は山のかけら
河原や海で拾う火山岩

河原や海岸には丸い石がたくさん落ちていることがあります。これらは、川や海に面した岩石が、水の力で削られて運ばれていくうちに、だんだんと丸い形の石となったものです。そのため、川の上流に火山があると、河原や河口の周りの海岸で、火山の石である火山岩がたくさん拾えます。火山に行かなくても、火山のかけらが手に入るのです。近くの川の上流に今は火山がなくても大丈夫。古い火山岩は日本のたいていの場所にあるので、多くの河原で火山のかけらが拾えます。川の上流の地質によって、河原の石の種類が決まってきます。どんな石が河原で拾えるかは、地質図（64〜65ページ）を調べると見当がつきます。火山岩を拾ったら、どの火山からやってきた石か地質図を使って調べてみましょう。

図1 河原の石（鬼怒川、茨城・栃木県境付近）

図2 河原に落ちている火山岩

鬼怒川では、上流の日光市にある火山の石がたくさん落ちている（図1）。岩石はでき方によって名前がついているので、同じ種類でもさまざまな色や形をしたものがある。ここに示した石はさまざまな色をしているが、すべて火山岩（図2）。火山岩の特徴は、斑晶と呼ばれる四角っぽい黒や白の粒々（矢印）が入っていることだ（石の下の方眼は5mm刻み）。

2章

日本の代表的な火山

火山に出かけてみよう

　日本列島には、小さな火山からとんでもなく大きな火山まで、バラエティゆたかな火山がたくさんあります。また、噴火によってできた特異な地形や雄大な景色は人々を引きつけるため、たくさんの火山地域が国立公園やジオパークに指定されています。さらに、登山対象となっている火山も多く、古くから名山とよばれる山には火山が多いです。この章では、国内の火山のうち比較的訪れやすい特徴的な活火山を8つ紹介します（図1）。取り上げた火山は、巨大なカルデラ火山（屈斜路湖と摩周湖、阿蘇山）や大きな成層火山（富士山、鳥海山）、最近も噴火している火山（浅間山、伊豆大島、御嶽山、阿蘇山）、最近はおとなしいが100年ほど前はよく噴火していた火山（蔵王山）などです。この本を持ってぜひ実際に火山に行ってみてください！　また、各地の火山の麓には、火山の展示を行っている博物館やビジターセンターなどがあります。現地を訪れた際には、そちらもあわせて見学すると、火山や自然への理解が増しておもしろいでしょう。

浅間山

御嶽山

活火山を訪れる前に

　火山は噴火するので危ない！と思っている人もいるかと思いますが、多くの火山は噴火している時間よりはるかに長い時間休んでいます。そのため、噴火を観察できることはめったにありません。休んでいる時期は、安全に火山の火口まで近づいて、美しく雄大な景色などを楽しむことができます。しかし活動が活発になると、火山、特に火口に近づくことは危険です。そのため日本では、防災上危険な火山について気象庁が24時間観測（常時観測）して警報を出しています。何か異常が出た時には、テレビやインターネットなどで発表されます。火山に登る前などには異常が出ていないか、立ち入り規制がかけられていないかなど調べてから出かけてください。

図1 2章で紹介する火山
国立公園やジオパークは2024年現在の指定。世界ジオパークの正式名称はユネスコ世界ジオパーク。

日本一広いカルデラと火山がつくった湖　屈斜路湖と摩周湖

日本の代表的な火山

基本データ
【火山のある都道府県】北海道　【標高】508m（アトサヌプリ）、857m（カムイヌプリ）　【最近の噴火】約200〜300年前（アトサヌプリ）
【代表的な噴火の年と名前】カムイヌプリの大きな火口をつくった摩周降下火砕物b（約1000年前）

　北海道の屈斜路湖は、屈斜路カルデラの中にできた日本で一番広いカルデラ湖です。屈斜路カルデラも、東西に26km、南北に20kmも広がる日本最大級のカルデラで、約4万年前を最後とする複数の巨大噴火によってつくられました。カルデラがつくられた後も火山活動は続き、現在、湖の中にある中島や川湯温泉近くのアトサヌプリなどの火山がカルデラ内にできました。アトサヌプリは、このカルデラ内に最後につくられた火山です（図1、3）。約200〜300年前の江戸時代にも噴火し、今も溶岩ドームから盛んに熱い火山ガスである噴気を上げています。噴気からの火山ガスの影響によって、周りに高い木が育たないことから、周囲の遊歩道では見通しのよい景色の中を歩くことができます（図1）。近くの川湯温泉には、国立公園のビジターセンターがあり、火山を含めた自然情報を得ることができます。

　屈斜路湖の東には、約7000年前の縄文時代に起きた大噴火によって形成された、摩周湖を頂く摩周カルデラがあります（図2）。その後、カルデラの南東部に成層火山（カムイヌプリ）が成長しました。カムイヌプリの山頂には、約1000年前の平安時代に起きた大噴火で開いた、直径1kmあまりの大きな火口があります。この噴火は、ここ1000年間に日本列島で発生した噴火の中でも指折りの大きさです。しかし、当時の北海道東部の人々は文字で記録することができなかったため、残念ながら噴火の詳しい様子はわかりません。

図1　アトサヌプリ
山頂は大きな溶岩ドームでつくられており、たくさんの噴気孔もあって盛んに噴気を上げている。
周囲には、イソツツジ（手前の白い花）などの低木からなる、広々とした風景が広がる。

図2　摩周湖カルデラ
青く澄んだ摩周湖の後ろ中央の山がカムイヌプリ。カムイヌプリの山頂の下の大きな崖は、火口の内側の崖の一部が見えている。摩周湖はカルデラの中にできた湖で、流れ込む川がないために水のにごりが少なく、透明度世界一の記録を持っている。

図3　アトサヌプリの噴気孔と硫黄
活発な噴気孔だが、駐車場の脇にあり、車ですぐ近くまで近づくことができる。
噴気孔の周りの黄色い鉱物は、火山ガスからもたらされた硫黄だ。1970年頃まで、噴気孔の周囲や噴気からもたらされた硫黄をここで採掘していた。

日本の代表的な火山

東北地方で二番目に高い 鳥海山

基本データ
【火山のある都道府県】秋田県、山形県 【標高】2236m（新山） 【最近の噴火】1974年
【代表的な噴火の年と名前】1800〜1804年

　今から60万年ほど前から活動を始め、今の姿は東鳥海と西鳥海の2つの山が並んでいます（図2、3）。

　紀元前466年、東鳥海の山頂付近が大きく崩れると、北西側の山麓、遠くは20km以上も離れた日本海まで土砂が広がりました（図2）。その途中には、高さ10mほどの小山がたくさん残されています。これらを流れ山と言います。また、山が崩れる現象を山体崩壊、崩れたものが一挙に流れ下る現象を岩屑なだれと呼んでいます。

　鳥海山の山頂部を見てみましょう。切り立った崖に囲まれた中央には草木がほとんど生えていません。これは、1800〜1804年の大きな噴火中に誕生した、新山と呼ばれる溶岩ドームです（図1）。鳥海山の一番最近の噴火は1974年のこと。新山付近で東西方向にのびた割れ目火口ができ、水蒸気噴火を起こしました。この時は火山灰が降り、雪の上を泥流が流れました。

〜1万年前
東鳥海の成長

紀元前466年
東鳥海の山体崩壊

岩屑なだれ

1801年
山体崩壊後の東鳥海の活動

図1　東鳥海の崩壊カルデラと新山
紀元前466年に崩れてできた崖（右）と、1801年に誕生した溶岩ドームの新山（左）を西側から見る。

図2　鳥海山の成長
1万年前と2500年前の姿を北側から見る。噴火を繰り返して成長しながらも、何度も山が崩れ、現在の姿になった。

図3 西鳥海と東鳥海
南側から見ると左に西鳥海、右に東鳥海の山がある。
現在の活動は東鳥海が中心。

図4 西鳥海の溶岩ドームと火口湖
崩壊カルデラの中に鳥の海火口と鍋森溶岩ドームがある。

　この新山を取り囲むように、高さ100mほどの垂直な崖が弧を描くように続いています。ここが紀元前466年の山体崩壊の場所です。崩れた崖は馬の蹄の形をしていることが多いため、馬蹄形カルデラあるいは崩壊カルデラと呼ばれます。
　ところで、この崩壊が紀元前466年に起こったとお話ししましたが、ちょっと不思議ではありませんか？　紀元前466年というと、まだ文字がない縄文時代か弥生時代です。どうしてわかったのでしょうか？　簡単に説明します。一挙に崩れてきた土砂は、途中に生えていた大木をたくさん取り込んで流れました。その大木の放射性炭素を使った年代測定によって、これまでは約2600年前とされていましたが、さらに最近、木の年輪を用いたより精密な研究が行なわれ、紀元前466年の冬ということまで突き止められました。
　鳥海山に登る際は、日本海側から車で樹林帯を抜けた5合目の象潟口から歩き始め、途中あるいは山頂直下の山小屋に泊まるコースがおすすめです。日本海を背にしてお花畑の中を進み、西鳥海の最初の山小屋に着いたら、裏手に行ってみましょう。そこは南西に開いた西鳥海の崩壊カルデラの縁です。カルデラの中に溶岩ドームや火口湖が見下ろせます（図4）。そのままさらに東鳥海の山頂を目指しましょう。新山を見ながら進むと、やがて切り立ったカルデラの縁に着きます。カルデラの壁の様子もよく見えます。そこから崖を下って新山直下の山小屋までは、もう一息です。翌朝、日本海に浮かぶ影鳥海が新山から見えたら最高です。
　鳥海山はジオパークにも認定され、山麓でも見どころがたくさんあり、流れ山地形や湿原など、登山をしなくてもいろいろ楽しめます。

35

東北地方で一番噴火している 蔵王山

基本データ
【火山のある都道府県】山形県、宮城県　【標高】1841m（熊野岳）　【最近の噴火】1894〜97年
【代表的な噴火の年と名前】山麓にゆず大の石を降らした鎌倉時代（1230年）の噴火

火口湖である御釜をいだく蔵王山は、普段は静かな深い緑色の湖面ですが（図1）、東北地方で最も活動記録が残る活火山です。蔵王火山は約100万年前から活動した、いくつもの火山が集まってできています。数千年前からは、現在の御釜の周辺から噴火を行うようになり、ここ400年間は、活発な時期と静かな時期をおよそ100年間隔で繰り返し、1600年代と1800年代に噴火が頻発しました。過去にもこのような活動を繰り返しながら、数千年かけて御釜の周辺の五色岳などの火砕物からなる山がつくられました（図1、2）。

最後の噴火は明治年間の1884〜97年に起こり、御釜から噴煙が立ち上ることもありました（図4、5）。その後も噴火こそないですが、御釜の湖面に硫黄が浮いて一面真っ白になったり、新たに熱い火山ガスを噴き出す噴気孔ができたりするような活動が起きています（図3）。過去の記録に残る噴火は、麓の人が住んでいる場所まで大きな被害がおよぶものではありません。しかし、噴火に伴い御釜から水があふれ出て、下流の川の水が増えるようなことが度々あったことが記録されています。そのため、火山活動が活発になったら、御釜周辺から流れ出る川には不用意に近づかないでください。

御釜の近くまで車道が通り、展望台なども整備されているので、気軽に雄大な御釜の景色を眺めることができます。また登山道も整備されています。馬の背などの登山道を歩けば、最近の活動で降ってきた火山弾やスコリア、火山灰などが周囲に降り積もっていますので、ぜひ観察してみてください。

図1　火口湖「御釜」　御釜のすぐ右の山が五色岳。南側（刈田岳付近）から望む。

図2 御釜の脇の五色岳の断面（御釜側）
縞々は、火山弾やスコリアなどでできた地層で、噴火によってつくられた。周辺の山々から双眼鏡などで火口湖の周辺の崖をのぞくと、これらをよく観察できる。御釜の西側から望む。

図3 噴気孔
御釜の東側の山腹の丸山沢上流にあり、1940年以来活動している。

図4 御釜の西の馬の背にある1886年噴火による火山弾
長さ33cmの青い柄のハンマーの脇に見える、複数の黒い岩が火山弾。熱くやわらかい状態で落ちてきたため、つぶれて平たい形をしていたが、その後、割れてバラバラになった。

図5 1895年の噴火の様子

37

日本の代表的な火山

島の住民が一晩で全島逃げ出した 伊豆大島

基本データ　【火山のある都道府県】東京都　【標高】758m（三原山）　【最近の噴火】1990年
【代表的な噴火の年と名前】1986年

　伊豆大島は、東京都に属する伊豆諸島の最北端にあります。北西-南東方向にのびたまゆ形の火山島で、房総半島や伊豆半島などからもよく見えます。ここの火山は数万年前から活動し、カルデラに囲まれた三原山では最近まで、山頂噴火を活発に繰り返してきました（図1～3）。山頂カルデラの縁の御神火茶屋まで道路が通じています。この島の噴火は安全だと思われており、噴火が起こるとこの茶屋にたくさんの見物人が集まるものでした。なお、山頂カルデラは、1700年前と1500年前の2回の大規模な噴火によってできました。

　1986年11月15日、三原山の火口で噴火が始まります。この時も多くの島民や火山研究者が集まり、噴火見物や観測で賑わいました。噴火は1974年以来のことです。最初は山頂の火口からマグマを連続的に噴き上げる噴火でしたが、やがて溶岩が火口を満たす頃に間欠的にマグマを噴き出す噴火に変わり、溶岩はいく筋かの流れとなって三原山の斜面を流れ下り始めました（図1、2）。

　そして6日後の11月21日夕方、山頂以外の場所で突然噴火が始まりました。最初はカルデラの中でしたが、やがてカルデラの外、北側斜面でも噴火が起こりました。噴き上げるマグマの噴泉は、最高1600m近くまで上がったとも言われています。カルデラ外で流れた溶岩流は、麓の一番大きな集落である元町に迫りました。噴火とともに地震も起こりました。住民は避難することになりましたが、地震の発生場所が移り変わるたびに、避難用のバスも右往左往し、結局一晩のうちに全島民約1万人が船で島外に避難することになりました。この一連の噴火は翌朝にはほぼ収まりましたが、全島民が帰島できたのはその約1か月後でした。

　その後、4年間に4回の小さな噴火が起きましたが、現在は静かな状態が続いています。

図1　1986年11月の伊豆大島の山頂噴火（夜景）
火口では溶岩の破片が噴き出すストロンボリ式噴火が繰り返され、火口からあふれる溶岩は手前に流れ下っている。御神火茶屋から見る。

図2　御神火茶屋より見る三原山
1986年にあふれ出た溶岩が黒い筋となってはっきり見える。手前には1950〜51年の、左には1777〜78年の溶岩が広がっている。
→ 63ページの図3

図3　南方上空より見た伊豆大島
中央部に山頂カルデラ、その中に三原山。カルデラ内の黒い部分は1986年の溶岩やスコリアが溜っているところ。

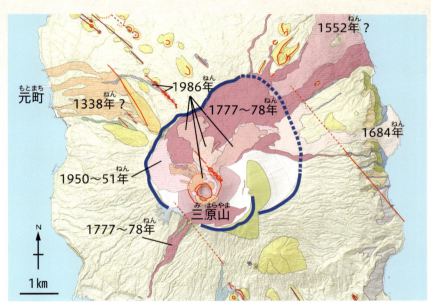

図4　伊豆大島中心部の地質図
1777〜78年、1950〜51年、1986年の溶岩などを示している。三原山を取り囲む青い太線はカルデラの縁、北西-南東方向の赤い直線 ━━ と破線 ┈┈ は古い噴火割れ目を示している。

　三原山は現在では山頂火口まで行くことができます。まずは御神火茶屋から三原山を眺めましょう。噴火当時に比べてだいぶ植生が入り込んできていますが、今でも黒々とした溶岩流を見ることができます。1777〜78年（安永噴火）や1950〜51年（昭和噴火）の溶岩も見ることができます（図2、4）。これらの溶岩を見ながら、火口展望台を通って三原山火口をぐるっと1周してみましょう。

　なお、火山灰やスコリアがバームクーヘンのように見事に積み重なった様子は、島の南部で見ることができます。地層大切断面という道路の切り割りです（67ページ、図2）。定期的に表面を削って観察しやすくしています。時間があればぜひ見に行ってみてください。また、ジオパークに認定されており、火山の博物館もあります。

日本の代表的な火山

首都圏近くの活発な火山　浅間山

基本データ
【火山のある都道府県】群馬県、長野県　【標高】2568m（釜山）　【最近の噴火】2019年
【代表的な噴火の年と名前】天明の浅間焼け、天明噴火（1783年）

　長野県と群馬県の境にあり、首都圏にも近い浅間山（図1）は、国内でも有数の活発な活火山です。最近は少しおとなしいですが、突然パーンという大きな爆発音とモクモクと黒い噴煙を上げ、火山弾を飛ばす、ブルカノ式噴火と呼ばれる噴火をたびたび行っています。最近でも2004年（図4）や2009年の噴火では、東京都を含む首都圏にも火山灰をうっすらと積もらせました。

　平安時代の1180（天仁元）年や江戸時代の1783（天明3）年には、それらの活動よりも桁違いに大きい噴火が起こりました。これらは、広い範囲にたくさんの軽石を降らすプリニー式噴火で、山頂の火口から火砕流や溶岩流も起こりました。江戸時代の噴火は「天明の浅間焼け（天明噴火）」と呼ばれ、日本列島で発生した最近400年間の噴火の中で指折りの大きな噴火です（図2）。この時に流れ出た溶岩が、北側の観光地にもなっている鬼押出し溶岩です（図3）。この噴火の後半には、北麓を一気に流れ下った岩塊や土砂が、吾妻川やその下流の利根川に流れ込み、水と一緒になって流れ下ったため（火山泥流）、流域に大きな被害が出ました。この噴火で1624人が亡くなっています。

　浅間山は3階建ての火山です（図1）。最初の火山は、約10万年に活動を開始した黒斑火山です。この火山は、約2万7000年前に大崩壊し、山頂部がなくなりました。崩壊して凹んだ場所にはその後、約2万3000年から1万1000年前頃までに、デイサイト質の仏岩火山が成長しました。その上に安山岩質の前掛火山が成長し、現在も活動を続けています。

図1　南からの浅間山（森泉山ギッパ岩）
黒斑火山が崩れた後、崩れた上に仏岩火山と前掛火山が成長。前掛火山が覆いつくせていない場所の地表には、その前の火山である仏岩火山が現れている。

浅間山は活発な火山ですので、活動が落ち着いている時でも、火口の縁から500mの範囲は立ち入り禁止となっています。そのため、その手前の前掛山までしか登ることはできません。山頂の火口まで登れなくても、西側の黒斑山や東側の小浅間山に登れば、浅間山の「火山」を感じることができます。特に1時間もかからずに登れる小浅間山の山頂からは、正面に山頂の釜山と前掛山、右手に天明の浅間焼けで流れ出た火砕流や鬼押出し溶岩が望めるパノラマが広がります。噴火から240年以上もたちますが、火砕流などの上はまだ植物があまり生えておらず、周辺より樹木が少ないことが、よく観察できるでしょう。登山道沿いでは、天明の浅間焼けで降ってきた白っぽい軽石や、その後の噴火で降ってきた黒っぽいパン皮状火山弾なども観察できます。北麓は日本ジオパーク（浅間山北麓ジオパーク）にも指定されており、火山を学習できるビジターセンターや博物館、資料館などが多数あります。

図3 鬼押出し溶岩
1783年の天明の噴火で流れ出た溶岩。

図4 2004年噴火時の噴煙と火映
マグマが噴煙を赤く照らす現象が火映。

図2 1783（天明3）年8月3日から4日の噴火の様子
『中山道塩名田宿本陣・問屋 丸山家古文書目録 G41 信濃浅間嶽大焼け絵図』。高く上がった噴煙の中に灼熱のマグマが火柱のように見えた。

41

日本一高い 富士山

基本データ
【火山のある都道府県】山梨県、静岡県　【標高】3776 m（剣ヶ峰）　【最近の噴火】1707 年
【代表的な噴火の年と名前】貞観噴火（864 ～ 866 年）、宝永噴火（1707 年）

　世界文化遺産に登録されている富士山は日本で一番大きくて高い火山です。この山はよく3階建ての火山と言われます。それは古い順に、小御岳火山、古富士火山、新富士火山が重なっているからですが、このうち古富士と新富士を合わせて富士山としましょう。その誕生は今から10万ないし8万年ほど前です。なお、最近の研究では、「古富士」「新富士」と呼ばずに、古い順に星山期、富士宮期、須走期の活動に分類されています。

　富士山は、これまで頻繁に溶岩を流してスコリアや火山灰を放出する噴火を繰り返して成長してきました。しかし、噴火の場所は必ずしも山頂ではありません。最後の山頂噴火は約2300年前でした。特に山頂の北西や南東斜面にはたくさんの火口があります。割れ目火口あるいは側火山と言い（図1）、そこで起こった噴火を側噴火と呼びます。

　富士山の北西麓には青木ヶ原樹海が広がっています。これの土台をつくった噴火は平安時代の864年、貞観噴火と呼ばれる標高1530mから1070mにかけての中腹で起こった側噴火です。この時の噴火で大量に流れ出したのが青木ヶ原溶岩流ですが、その大部分は最初の2か月間で流れ出ました。この頃は、100年に3回程度は噴火があったようです。樹海はツガやヒノキを中心とする針葉樹林帯ですが、まだ溶岩の上に十分な土壌ができていないために栄養分に乏しく、

図1　北方の鳴沢村より見る富士山と北西山麓の側火口群
右端の山が3300年前の側火山である大室山。大室山と富士山の間の起伏はいずれも側火山。→ 63 ページの図2

わりと幹が細いことに気がつくでしょう。溶岩流は厚いところでは100m以上もあり、「せの海」と呼ばれた湖を精進湖と西湖に分断しました。たくさんの溶岩樹型（図3）や溶岩トンネルが形成され、いくつかは観光名所となっています。

　最新の噴火が起こったのは、江戸時代の1707年のこと。約2週間続いた宝永噴火です。それまでの溶岩を流していた噴火とは異なり、南東斜面にできた大きな宝永火口（図4）から大量のスコリアを噴き出すプリニー式噴火でした。江戸（現在の東京）でも約4cmの厚さの火山灰が積もりましたが、麓では家が燃えたり潰れたり、また、田畑も使えなくなりました。その復旧には大変な労力がかかりました。

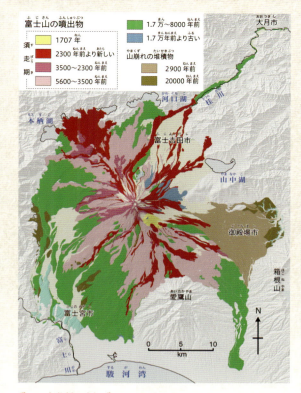

図2　富士山の地質図
噴火した時代ごとに噴出物の分布を示した地図。1707年の宝永噴出物は火口付近の堆積物が厚い部分のみを表示している。富士山の噴出物の大部分は溶岩流で、北東に長く流れたのが猿橋溶岩流、南東に長く流れたのが三島溶岩流。山体崩壊の堆積物も御殿場市や田貫湖の周囲に広がっている。

図3　青木ヶ原の溶岩樹型
大木が溶岩流で横倒しになった溶岩樹型には人が入れるほど。

図4　南南東より見る富士山山頂と宝永火口
宝永火口の右端に宝永山という高まりがある。従来はこの時の噴火で持ち上がった古い山の一部とされていたが、ごく最近の研究で、宝永噴火の噴出物だとわかった。左端は剣ヶ峰。

43

日本の代表的な火山

高く大きな 御嶽山

基本データ
【 火山のある都道府県 】長野県、岐阜県　【 標高 】3067m（剣ヶ峰）　【 最近の噴火 】2014年
【 代表的な噴火の年と名前 】関東まで厚く軽石を降らした御嶽第一軽石（約10万年前）

　3000mを超える御嶽山は、富士山についで日本で二番目に高い活火山です（図1）。標高こそ富士山にかないませんが、歴史の長さでは負けません。富士山は約10万年前から活動を開始していますが、御嶽山はそのさらに昔、約78万年前から活動している先輩火山です。御嶽山は2階建ての火山で、約78〜40万年前の古期と、約10万年前以降の新期における活動によってつくられました。南北3kmの長さを超える山頂部は、すべて新期火山がつくる山々です。そこには、「一ノ池」「二ノ池」「三ノ池」「四ノ池」「五ノ池」などの5つのはっきりとした火口があります（図2）。長く複雑な歴史を持つため、若い火山の富士山では見ることができない、氷期の生き残りであるライチョウ（図2）や高山植物などを観察することができます。高い場所まで車やロープウエイなどで行けますので、日帰りできる3000m峰としても有名です。火山と高山の特徴が合わさった美しい景色の広がる山なので、活動が静かな時に登ってみてください。

　この火山は数千年前にはマグマ噴火も発生したことがわかっています。しかし、この数十年間の最近の噴火はすべて水蒸気噴火です。特に1979年と2014年の噴火は大きなものでした。2014年の噴火（図3）では、立ち入り規制がされないまま突然噴火が起きたので、山頂付近にいたたくさんの登山者が犠牲になりました。その反省をふまえて、今はさまざまな安全対策が取られ、また山頂まで登山できるようになっています。特に山麓と登山口の田の原には、噴火後に町と県がビジターセンターを設置し、火山や自然の情報が発信されるようになりました。登山の際は、火山の活動情報を調べて、規制に従って行動しましょう。

図1　御嶽山全景と山がつくられた年代
南東、木曽町屋敷野付近より見た御嶽山。

図2 火口湖の三ノ池とライチョウ

三ノ池は、8700〜8600年前につくられた火口に水がたまった池。御嶽山は高く、長い歴史を持つ火山であるため、山々に氷河があったようなはるか昔の寒い時代に生息していたライチョウや高山植物などの動植物が今も観察できる。

図3 2014年の噴火の様子

噴火の翌日の山頂周辺。積もった火山灰などにより灰色の世界となっている。降ってきた火山岩塊で屋根に大きな穴が開いていることが確認できる。

図4 各地に降り積もった御嶽第一軽石層の厚さ

御嶽山は、約10〜6万年前までは、広い範囲にたくさんの軽石を降らせるような大規模な噴火を繰り返していた。この軽石層は約10万年前に発生した大規模な噴火によるもので、富士山の東麓（静岡県小山町）に約1mの厚さの地層として残っている（右上写真）。この噴火では、首都圏にも軽石が10cm以上の厚さに積もるほど降った。

45

巨大噴火でつくられた 阿蘇山

基本データ
【 火山のある都道府県 】熊本県　【 標高 】1592m（高岳）　【 最近の噴火 】2021年
【 代表的な噴火の年と名前 】カルデラをつくった日本有数規模の阿蘇4噴火（約9万年前）

阿蘇山は、大きなカルデラとその中に成長した中央火口丘からなる火山です（図1）。東西に18km、南北に25kmにもわたる巨大なカルデラの阿蘇カルデラの底には、4万人を超える人々が生活しています。この阿蘇カルデラは、4回の巨大噴火で形成されました。最後にして最大の約9万年前の阿蘇4火砕流堆積物が噴き流れ出た噴火で、今のカルデラの外形がつくられました。噴出したマグマの量は約1000km³に上り、火砕流は九州の大部分を、火山灰は日本中を覆い、北海道でも約10cmの厚さで降り積もりました。

この巨大な噴火の後、カルデラ内には、いくつもの火山からなる中央火口丘群ができました。このうちの中岳（図2、3）は、約1400年前の中国の書物にもその噴火が記されている活動的な火山です。最近も噴火を繰り返しており、2021年10月20日には火口から火砕流が流れ下るような噴火もありました（図4）。噴火活動が活発になると、中岳の火口の縁へは近づけませんが、草千里などの展望台から、夜は火口の底の灼熱のマグマが空を赤く照らす火映やストロンボリ式噴火（図2）が見えることがあります。活動が落ちついている時には、湯気を上げる火口湖（図3）や活発な噴気孔などを見に近くま

図1　阿蘇カルデラ北西縁大観峰からの中央火口丘群
目の前に広がるくぼ地が阿蘇カルデラ。真ん中の山々が中央火口丘群で、そのうち中岳は今も噴煙を上げる活動的な火口を持っている。

で、バスなどで簡単に行くことができます。また、阿蘇カルデラ全体が世界ジオパークに指定されており、見学ポイントや火山博物館なども整備されています。まさに生きている地球が実感できる場所です。ただし、見学する場合は安全のため規制に従って行動しましょう。

図2 灼熱のマグマを噴き上げる中岳第1火口

図3 中岳火口の火口湖
活動が比較的落ち着いている時は、火口の縁まで近づける。そうした時は、火口の底に湯が溜まり、火口湖が出現していることが多い。

図4 2021年10月20日の噴火
噴煙は3.5kmの高さまで上り、火口から最大1.6kmまで火砕流が流れ下った。

47

コラム 大陸や海底に分布する超巨大火山

広大な大陸や海底には日本の火山とは比べものにならないほど超巨大な火山があります。世界一の火山は太平洋の赤道直下にあり、「オントンジャワ海台」と呼ばれています。これは富士山15万個分の大きさがあり、日本の国土の5倍の広さを覆っています。日本の火山をすべてあわせた体積の530倍にもなるのです。これら超巨大火山は太平洋の海底に最も多く分布しています。日本に一番近い超巨大火山は、日本とハワイとの間の海底にあり、「シャツキー海膨」と呼ばれています。

超巨大火山は大陸にもあります。ロシアにある「シベリアトラップ」と呼ばれる火山は、富士山1万個分の大きさがあります。この火山の噴火は、97%もの陸上生物を絶滅させた可能性があります。「中央大西洋マグマ区」と呼ばれる火山は、北アメリカ、南アメリカ、アフリカ、ユーラシアの4大陸に分布しています。この火山が噴火する前、この4つの大陸はお互いに接していて大西洋はありませんでした。しかし、火山活動が大陸を割って分裂させ、そこに海水が流れ、大西洋が誕生したのです。この火山活動も地球上の生物を約70%絶滅させた可能性があります。

\ 教えてくださったのは /

佐野貴司 先生

国立科学博物館地学研究部グループ長。専門は火山学および岩石学。おもな研究対象は超巨大火山。

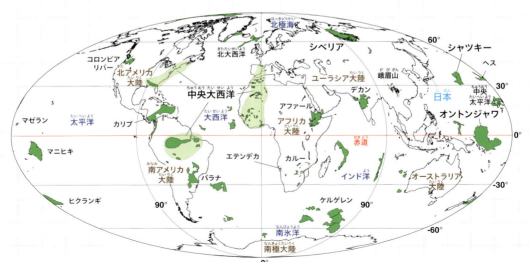

超巨大火山の地球上での分布図（緑色の部分）

これらの超巨大火山は、専門用語で「巨大火成区」と呼ばれている。ここには2億5000万年前よりも新しい50ほどの火山が示されている。さらに古い火山もあわせると、200を超える巨大火成区が地球上には存在する。

3章

火山災害について知ろう

火山災害の特徴

　噴火が発生してから逃げるのは難しいことです。そのため、被害を少なくするためには、あらかじめ警戒して逃げておく警戒避難が重要です。
　災害を引き起こすような噴火現象は、たくさんあります。今までお話ししてきた溶岩、火砕流、降下火山灰、噴石（投出岩塊）などのほか、水とともに火山噴出物が流れてくる火山泥流、熱い噴出物が雪を溶かして流れ下る融雪泥流、山が大きく崩れる山体崩壊やそれが湖や海に突っ込むことで発生する津波、そして噴火に伴う空気の振動である空振や火山ガスなどがあります（図1）。これらの現象のほとんどは、速度が速いため、発生してから逃げるのは困難です。噴石や火砕流がくる場所にいたなら、噴火が起きてから逃げることは難しいので、あらかじめ逃げておくことが必要です。また、火山灰は広い範囲に降ることがあり、火山から遠く離れた場所にもさまざまな被害を引き起こすことがあります。
　火山災害は、洪水や土砂災害、地震などのほかの災害と比べると、たまにしか起きません。ただし、ごくたまに、とんでもない大きさの噴火が起きます。とんでもない大きさの噴火が起こると、火山の近くだけでなく、広い範囲に大きな被害がおよびます。しかし、小さな噴火と比べると大きな噴火はめったに起こりません。少し安心したでしょうか。反対に小さな噴火は、火口の周辺にしか被害がおよびませんが、たくさん起こります。小さな噴火は、その前兆がとら

えられないことがあるため、警戒避難が行えず、死傷者が出ることもあります。ほかの災害では、規模が小さいと死傷者も少なくなることが多いのですが、火山では必ずしもそうならないため、注意が必要です。

また噴火は、たまにしか起こらないため、お父さんやお母さん、おじいさんやおばあさんなどの経験に頼るのは難しいでしょう。そのため、長い火山の歴史を理解し、対策を立てる必要があります。

図1　さまざまな火山災害と火山灰による被害

噴火の予測

噴火の予測は、少しずつできるようになってきました。観測機器（図1）が設置されている火山では、地震計や傾斜計、精密な測量で地下のマグマや熱水の動きを直接とらえることで、噴火の前兆がわかることがあります（図3）。そのほか、噴気や噴煙の量の変化や、それらに含まれる火山ガスの成分の変化（図4）、温泉や地熱、地磁気の異常などを観測することで、噴火を予測することも行われています。

しかし、まだ噴火前にどのくらいの大きさでどのような噴火が起こるのか、観測だけではわかりません。そのため、災害を防ぐには、その火山が過去にどのくらいの大きさで、どのような噴火をしてきたかを知ることが必要です。それをもとに、その火山でどのような噴火が起こりうるか予想して、次の噴火に備えるのです。過去にどのような噴火が起きたのかを知るために、地質調査（図2）を行い、噴火の歴史を明らかにします。観測と火山の歴史を知っておくことは、噴火の予測の第一歩です。少しずつ噴火の予測はできるようになってきましたが、まだ完成したものではありません。そのため、監視機関や研究者は、よりよい予測ができるように日々努力しています。

図1　気象庁の火山監視用の観測点
ここでは噴火を感知する空振計と、直下の深さ100mの地下に傾斜計や地震計などを設置している。

図2　地質調査
実際に火山を訪れて地質調査を行い、火山をつくる火山噴出物を調べて、過去の噴火を復元する。

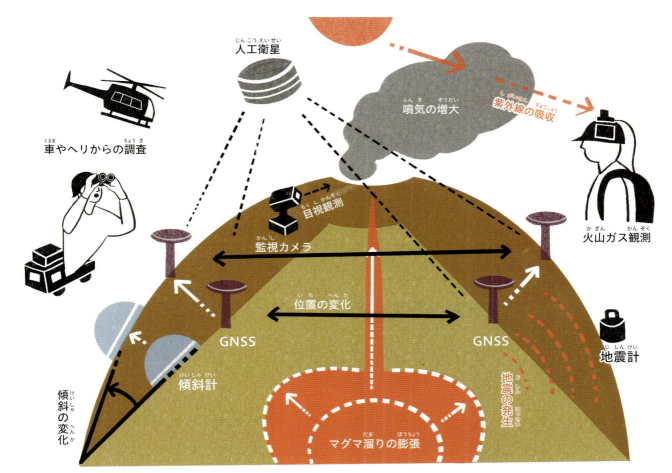

図3 観測による火山噴火予知
マグマ溜りにマグマが溜ったり、そこからマグマが地表へ動いていったりすると、地面が膨らんだり、小さな地震が多く発生したりする。それをとらえることで、噴火の予測を行う。傾斜計や人工衛星を使った測量システム（GNSS）などの精密な測量などから、マグマの移動による地面の動きがわかる。また、マグマが動くことで地震が起こるので、火山に地震計を置いて観測する。火山は、電気が通っていない人里離れた山の中にあるので、観測機器を動かし続けることは大変な努力が必要だ。

図4 火山ガスの調査
火山ガスを調べるために、宮崎県にある霧島火山硫黄山にて、火山の噴気孔にチタンパイプを入れて火山ガスを採取する準備をしているところ。

日本の火山防災 — 火山防災協議会、火山防災マップ、噴火警戒レベル

火山防災協議会と火山防災マップ

　日本では、火山活動が活発になった時に、立ち入りの禁止区域を設定したり避難すべき範囲を知らせたりするのは都道府県と市町村、火山の監視は気象庁と、役割を分担しています。そのほかのさまざまな人々が、火山防災に関わる仕事をしているため、噴火の時にどうするのかについては、あらかじめ話し合っておく必要があります。そのため、活動火山対策特別措置法（活火山法）という法律で、それぞれの火山の関係者が集まって避難の計画などを話し合う火山防災協議会を置くことが決められています（図1）。火山防災協議会を置くべき地域は、国が市町村単位で指定しています。

　火山防災協議会の主な役割は、噴火による避難の計画を立てることです。あらかじめ想定した噴火に対して、どの範囲の人々をどのような手順で逃がすのかを決めたものが、避難計画です。避難計画をつくるには、起こりうる噴火を想定した噴火シナリオをつくり、想定した噴火の影響範囲など予想し、噴火のハザードマップを作成します（図2）。この予想をもとに、逃げるべき範囲などをわかりやすく示した地図が火山防災マップです。噴火の想定や影響範囲の予測は、火山それぞれに個性があるため、それぞれの火山に詳しい研究者がいろいろとアドバイスをしながら決める必要があります。そのため、火山防災協議会には、それぞれの火山に詳しい大学や研究所に所属する研究者も加わっています。

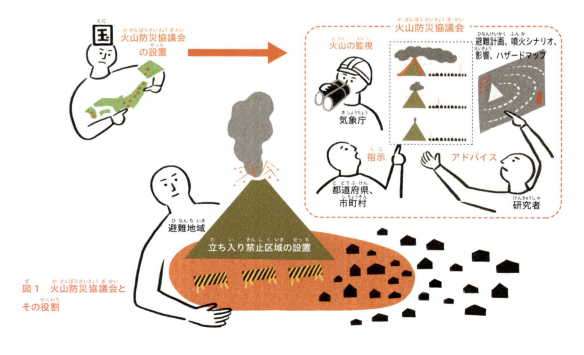

図1　火山防災協議会とその役割

噴火警戒レベル

　気象庁は、火山防災協議会で共同して避難計画に対応する噴火警戒レベルを定め、それぞれの火山の警報を出します。噴火警戒レベルは、気象庁が24時間監視している火山で定めています。この警戒レベルは、1から5まで設定されており、噴火しそうにない時はレベル1、噴火が起きたり噴火しそうになったりすると、噴火の影響を受ける範囲に応じてレベル2から5が出されます（図3）。このレベルに応じて、火山防災協議会で決めた避難計画と火山防災マップに従い、防災対応がとられます。なお、噴火警戒レベルは、人が住んでいる地域に影響が出るかどうかで決められます。火山が違うと同じレベルでも、噴火の大きさは違います。小さな噴火しか起こらないと予想されても、火口の近くに人が住んでいれば、最高のレベル5となります。

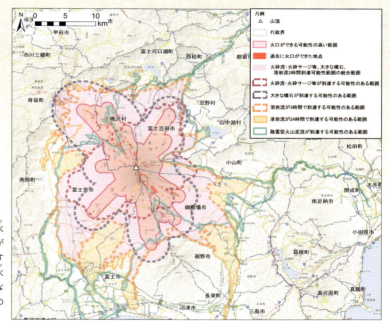

図2　富士山のハザードマップ

　このハザードマップには、仮に富士山が噴火した場合、危険のおよぶ可能性のある地域がすべて示されている。いろいろな噴火で被災する範囲を重ねて示しているため、1回の噴火で示した地域のすべてが被災するわけではない。火口のできる場所などにおいて、1回の噴火で被災する地域は異なる。

噴火警戒レベル **1**
活火山であることに留意
火山活動は静かだが
火口付近は注意

噴火警戒レベル **2**
火口周辺規制
火口周辺への
立ち入り禁止

噴火警戒レベル **3**
入山規制
登山・入山禁止

噴火警戒レベル **4**
高齢者など避難
人が住んでいる所まで
被害がおよぶ
危険な噴火の兆し
避難準備

噴火警戒レベル **5**
避難
人が住んでいる所で
危険な地域の
避難開始

図3　噴火警戒レベル

教えて！火山の仕事
気象庁の火山監視システム

お話を伺ったのは
気象庁 火山監視・警報センター
菅井 明 予報官

気象庁に入庁後、気象大学校にて気象業務に必要な知識と技術を学ぶ。鹿児島地方気象台観測予報課の火山班に勤務後、東京の本庁地震火山部へ。約20年間火山関連の仕事に携わる。

気象庁の取り組み

気象庁は全国の気象を観測して、災害の予兆をとらえ、人々の暮らしや命を守る情報を提供するのが仕事です。よく目にするのは天気予報ですが、火山を観測して噴火警報や降灰予報などを発信することも大事な役割のひとつです。

火山観測の中枢となる火山監視・警報センターが設置されているのは、札幌、仙台、東京、福岡の4か所。そこでは全国111の火山の活動状況が調べられていますが、このうち50の火山については、より的確に噴火警報や降灰予報などを発表するために、予報官が火山活動を24時間体制で観測し監視しています。

観測と監視に必要不可欠なデータは、右の図のように火山近傍に設置された地震計、傾斜計、空振計、GNSS観測装置、高感度監視カメラなどの観測機器から取得し、リアルタイムで予報官が監視しているオペレーションルームのモニターに送信される仕組みとなっています。

遠隔からは把握できない火山活動の詳しい状況については、現地に気象庁の火山機動観測班を派遣したり、大学などの研究機関や自治体、防災機関などの関係機関と連携して、最新のデータを共有し、必要な情報を集めています。

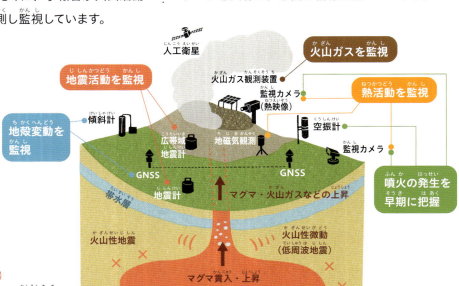

火山監視のための観測機器

火山近傍に設置されたさまざまな観測機器を駆使して、常に新しい観測データを収集。地殻変動の監視には人工衛星も利用している。これらのデータは、噴火の予兆など火山活動の推移を予測するための重要な情報となる。

火山観測から情報発表まで

① 観測
火山機動観測班の現地への派遣

火山近傍に整備している観測機器
空振計　監視カメラ　地震計　傾斜計　GNSS

観測データ

気象庁職員による24時間監視体制

② 解析・予測
火山監視・警報センター

③ 情報
火山の状況に関する資料と解説

情報発表

オペレーションルームのメンバー

東京の火山監視・警報センターは、予報官1人、監視担当2人、降灰予報担当1人、航空路火山灰情報担当1人の5人体制で、東京以外の札幌、仙台、福岡の火山監視・警報センターは予報官1人と監視担当1人の2人体制で、24時間365日監視を続けている。

火山予報官の仕事

現在、本庁や各管区の火山監視・警報センターで働く火山監視担当の予報官は、気象庁全体で20人ほどとあまり多くはありませんが、それぞれのセンターにおいて24時間365日、5班の交代制で勤務しています。オペレーションルームに届くデータから重要なサインを見逃さないよう緊張感を持って業務に励んでいます。

異変に気づいた際には、観測データを解析し、火山に何が起ころうとしているのかを評価して、国民に向けて噴火警報や降灰予報などの火山情報を発表します。この発表が人命や生活の助けになるため、冷静ですばやい判断力が必要です。

火山活動を適切に評価するためには、観測データを正しく整理することも重要です。データを地表で観測される「噴火」「熱活動」「火山ガス」、火山体内部で観測される「震動」「地殻変動」の5項目に分類し、観測期間や観測種目ごとに比較・整理を行い、どの種目のデータにどんな変化があるかなどをまとめる作業も行います。

予報官の1日

日勤

9時　夜勤者より現在までの火山活動の報告を受けて把握する

常時　火山の監視（監視状況の確認、観測データの解析、火山活動の評価など）
随時　検討会や定期情報発表などが行われる
異常時　情報発表（情報作成、警報発表など）

17時　夜勤者へ現在までの火山活動を整理して報告する

夜勤

17時　日勤者より現在までの火山活動の報告を受けて把握する

常時　火山の監視（監視状況の確認、観測データの解析、火山活動の評価など）
随時　打ちあわせや警報発表の訓練などが行われる
異常時　情報発表（情報作成、警報発表など）

9時　日勤者へ現在までの火山活動を整理して報告する

コラム

郷土の歴史から噴火を調べる

火山から離れた地域でも火山噴火による災害を被ることがあります。特に噴煙から降ってくる火山灰や軽石は、風に流されて広い範囲に降り積もります。今から100年ほど前の大正時代の桜島の噴火では日本のほとんどの地域に火山灰が降りました（図1）。住んでいるところが火山から離れた地域でも、昔は火山災害があったかもしれません。

では、住んでいるところが過去に火山災害にあったかは、どのように調べればよいでしょうか？ ほとんどの都道府県や市町村では、地域の詳しい歴史をまとめた都道府県史や

図2 市町村史
過去に発生した地域の災害がよくまとめられている。

市町村史（誌）というものがまとめられており（図2）、過去にどのような災害があったかが記されていることがあります。被害はなかったけれど、空から火山灰が降ってきたような記録は、多くの地域で「日記」や「年代記」と呼ばれる書物に書き残されています。また、たいていの都道府県や市町村には、地域の自然や歴史をまとめた博物館や資料館があります。そこでも過去の災害がまとめられていることがありますので、調べてみてください。展示はなくても学芸員さんが何か知っているかもしれません。さらに、活火山にあるビジターセンターや火山博物館には、噴火の詳しい展示があるので、火山を訪れた時にはぜひ立ち寄ってみてください。

図1 1914（大正3）年に起きた桜島の噴火による降灰

4章
火山について調べる

火山を調べる

　地下でマグマがつくられ、それが地表に噴き出ることで火山ができます。噴火は火山周辺だけでなく広い範囲の環境を変えることがあります。また、人間社会に大きな影響を与える災害も引き起こします。地質学や地球物理学、土木工学、シミュレーション科学などの理系だけでなく、歴史学や社会学などの文系の研究者も調べることで、火山の理解や災害の対策が進みます。そのため、火山学は、火山に関係するすべてを扱っています。このように、火山を調べる方法はいろいろなものがありますが、ここからは、前半に地形図や地質図を利用してみなさんでも簡単に火山を調べられる方法を伝授していきます。その後、さまざまな方法で火山を調べている研究者を紹介します。また、噴火によって環境がどのように変わるかも見ていきましょう。

コラム　地形図とは？ 地質図とは？

調査船

　地形図は、山や川などの地形を詳しく示すとともに、道路、家屋や田畑などの土地の状態も示した地図です。地面の凸凹はその多くが、等高線と呼ばれる同じ高さを結んだ線で示されます。日本では、国土地理院が全国の地形図を作成し、紙の地図だけでなく、Web 版の「地理院地図（62 ページ）」というだれでも見られる地形図もつくっています。

　地質図（64 ページ）は、地表付近の土をはがした下が、どんな岩石や地層でできているかを時代や性質ごとに区分して地図上に示したものです。地質学は、過去にどのような自然現象があったのかを明らかにして、未来に備える学問ですから、その成果をまとめたものが地質図とも言えます。この地質図は、国土の利用には欠かせないものですから、世界のほとんどの国が独自に地質図をつくる機関や研究所などを持っていて、日本では産総研地質調査総合センターによってつくられています。紙の地質図だけでなく、Web 版の「20 万分の 1 日本シームレス地質図（https://gbank.gsj.jp/seamless/）」や「地質図 Navi（https://gbank.gsj.jp/geonavi/）」などもありますので、見てみてください。

図1　火山を調べるさまざまな「学」

火山がつくる地形

地理院地図

　火山噴出物は特徴的な地形、火山地形をつくります。Web上で見られる地理院地図を使って、火山地形を眺めてみましょう。火山は、現象ごとに特徴的な地形をつくるのですが、最初は火口や溶岩などわかりやすい地形を探してみてください。地理院地図で地形を観察する時は、左側のメニューをクリック（図1の①）、「標高・土地の凹凸」を選び（図1の②）、その中の「陰影起伏図」ないし「斜度図」を選んだあと（図1の③）、左下の「選択中の地図」中の合成ボタンを押すと（図1の④）、最初に表示されていた「標準地図」に陰影がついて立体的に見えるようになります。慣れてくると地形から、どのような噴出物がどこに分布しているか、だいたいわかるようになります。

図1　地理院地図（https://maps.gsi.go.jp）で地形図が立体的に見えるようにする方法

火山がつくる地形

　火口は、そこから火山噴出物が出てくる場所で、多くの場合、大きなすり鉢状に凹んでいます。小さな火口が一方向にたくさんできると、割れ目のような形にもなります。火口は多くの場合、火山の山頂にできますが、山腹にできることもあります。富士山は山頂に火口がありますが、南東側の中腹に江戸時代の噴火でできた宝永火口と呼ばれる大きな火口があります（図2）。しかし、溶岩の噴出口などは凹みをつくらないこともあります。富士山の山腹には小さな火口がたくさんあります（図2の小さい赤い矢印）。ほかにもたくさんあるので、探してみてください。

溶岩がつくる地形

　ドロッとしたマグマが地表に流れ出て固まったものが溶岩なので、上に凸の舌のような形の地形がつくられます（図3、4）。溶岩の粘り気によって全体の形が変わり、粘り気のあるものほどぼってりとした厚みのある地形になります（図4）。また、最近流れた溶岩は、溶岩の表面の細かい凸凹が残っていますが（図3と4の黒い矢印）、1万年以上も経つと、そのような凸凹がだんだん目立たなくなってきます（図4の白い矢印）。このように最初にできた細かい凸凹が残っているかで、新しいものか古いものかがわかります。なお、赤い矢印は火口地形です。

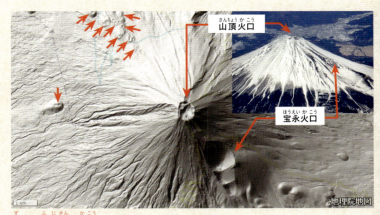

図2　富士山の火口
富士山には、42ページの図1のようにたくさんの火口がある。

図3　伊豆大島の1986年の溶岩地形
地表から見える景色は、38ページの図3を参照。

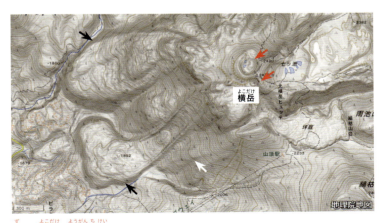

図4　横岳の溶岩地形
地表からは16ページの図1のように見える。

地質図で火山を調べる

火山地質図の調べ方

　火山に登った時に、足元の噴出物がいつ頃どんな噴火でできたかを知りたい場合や、ある山が火山かどうかを調べたい時にはどうすればよいでしょうか？　そうした時には、地質図を調べればわかります。特に主要な活火山では、火山地質図というものがつくられています。それは印刷された紙の地質図としても販売されていますが、だれでもインターネットで見ることのできる Web 版も用意されています（図1）。Web 版は、地質情報データベース「日本の火山」（Volcanoes of Japan）の中にあります。「日本の火山」にはさまざまな日本の火山のデータベースがありますが、その中の「活火山」（図1の①）をクリックすると「活火山個別データ」（図1の②）が出てきます。そこに各活火山の火山地質図や解説が載っています（図1の③、④）。専門的ですが、どのような活動をしてきたかがまとまっていますので調べてみてください。さらに、産総研地質調査総合センターの Web ページ「地質図カタログ（https://www.gsj.jp/Map/）」では、火山地質図やほかの地域の地質図がダウンロードできますので、ほかの地域の地質についても調べることができます。検索してみてください。

① 「活火山」をクリック

② 「活火山個別データ」で見たい山をクリック

③ ここをクリックすると解説が出てくる　　④ ここをクリックすると地質図が見られる

図1　地質情報データベース 日本の火山（https://gbank.gsj.jp/volcano/）で火山地質図を見る

火山地質図の読み方

地質図には、必ずどのような区分で地図を塗り分けているかを示した凡例がついています。火山地質図では、岩石や噴出物の種類とそれらがつくられた時代によって色が塗り分けられていますので、ある噴火でできた溶岩や火砕流堆積物などが、どういった場所に分布しているかがわかります。どのような区分で色を塗り分けたかは、図の脇に記された凡例にまとまっています（図2）。凡例は基本的に、時代の新しいものが上に書かれていますので、最近の噴火の噴出物を調べたい時は、上の方を見てください。なお、地質図は、地図に塗り分けられるような広い範囲を噴出物が覆うような、大きめの噴火のものしか示すことができません。そのため、最も新しい噴火が小さな場合は、地質図には示されません。火山地質図では、地質図に示されないような最近の小さな噴火については、裏の解説の部分に詳しく書いています。

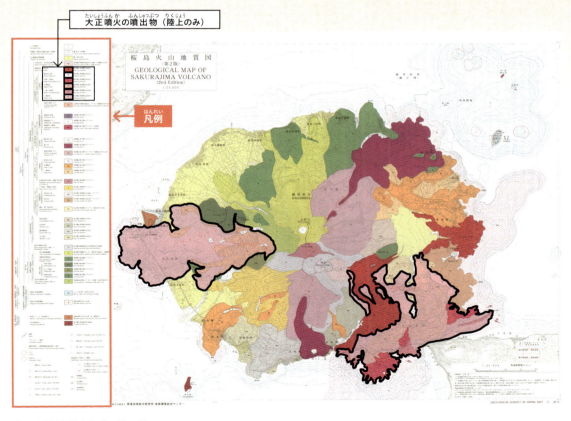

図2　桜島火山地質図（第2版）
桜島は、現在も活発な活動を続ける活火山。過去にはもっと大きな噴火を起こし、たくさんの溶岩や火砕流などを流している。この地質図を見ると、どこにいつの時代の噴火でできた溶岩などがあるのかがわかる。黒太線で囲ったのは、大正噴火（1915年）の陸上を流れた溶岩など。

火山噴出物を調べよう

　火山やその麓では、火山噴出物でつくられている地層や岩石が観察できます。

　火山をつくる溶岩は、マグマが地表を流れ下ったもので、表面や下側はすぐ冷やされて固まり、固い殻をつくりますが、中はまだどろどろに溶けて流れていますので、その殻が壊れてバラバラになります。そのため、溶岩の断面はバラバラに砕けた火山岩の間（図1の赤い矢印）に、あまり砕けていな火山岩（図1の白い矢印）がサンドウィッチのように挟まれています。あまり砕けていない部分は、もとは流れていたマグマだった部分です。このような溶岩の断面がつくる太い縞々は、火山に登るとあちこちで見つかります。観察した溶岩がいつの時代の噴火によるものかは、地質図（64〜65ページ）を調べるとわかります。

　噴煙から降ってきた火山噴出物は、上から降り積もりますので、布団をかぶせたように地面の凸凹に沿って積もります。噴火のない時は、土がつくられますので、土と土の間に降下火砕物の層が挟まれて縞々の地層をつくります（図2）。このような降下火砕物は、風に流され広く分布するため、火山の山麓やさらに離れた場所にも積もっています（図3）。地層になっている降下火砕物をお椀などに入れて水で洗うと、中に含まれる鉱物が観察できます（図4）。含まれている鉱物の量や種類は火山噴出物ごとに違っているので、それをもとに離れた場所の火山灰が同じものか違うものかを調べることもできます。みなさんの家の近くの崖にも火山から降ってきた軽石や火山灰が挟まっているかもしれません。

図1　三宅島（東京都伊豆諸島）の溶岩の断面
2000年の噴火でできたカルデラ壁に溶岩の断面がたくさん見える。

図2 伊豆大島の地層大切断面

降下火砕物と噴火のない時につくられた土が交互に重なって縞々になっている。土と土に挟まれた降下火砕物が1回の噴火でつくられるので、縞々の数だけ噴火を繰り返してこの地層ができたことがわかる。

図3 火山から離れた場所に降り積もった降下火砕物（神奈川県秦野市）

箱根山から20kmほど東にある「くずはの広場」では、その箱根山から降ってきた軽石や火山灰でできた降下火砕物層が白い層としてたくさん観察できる。くずはの広場には「くずはの家」というビジターセンターがあり、この崖について学ぶこともできる。

図4 赤城鹿沼軽石に含まれる鉱物

約4.5万年前の赤城山の大噴火で降ってきた軽石は、ホームセンターなどで鹿沼土として売られている。鹿沼土を潰して水がにごらなくなるまで洗う（椀がけ）と、中に入っている鉱物が観察できる。ルーペや顕微鏡などで拡大すると、写真のような鉱物が観察できる。左の写真の白い粒は斜長石、黒い粒のほとんどは角閃石という鉱物。

67

教えて！火山の仕事
年代測定で火山の一生を追う

\ お話を伺ったのは /

産業技術総合研究所
地質調査総合センター
山﨑 誠子 先生

活断層・火山研究部門火山活動研究グループ主任研究員。K–Ar年代測定やAr/Ar年代測定を専門として、火山の噴火史や活動履歴調査を行っている。

火山の噴火史を知る

　リアルタイムの火山活動は、地震計や傾斜計、火山ガスなどの観測データから判断して、活発化した時には気象庁が噴火警報・予報として発表しています（56ページ）。しかし、次の噴火がどれくらい迫っていて、どのような噴火になりそうかを予測するには、その火山の噴火史を知っておく必要があります。過去の噴火の特徴を調べる地質調査や岩石の研究と合わせて重要となるのが、「いつ」「どれくらいの頻度で」噴火してきたかという年代の情報です。数十万年から百万年以上にもなる火山の一生の中で、現在がその火山にとってどのような段階であるのかを知ることが重要です。

　数百年から千年前くらいまでの活動は、古文書などの歴史記録を使って紐解きます。数百年から数万年前の活動は、熱い火砕流や溶岩で木が焼けて堆積物中に残った炭を使って、放射性炭素法（^{14}C法）で年代値を測定することが一般的です。数万年から数百万年の活動は、カリウム–アルゴン法（K–Ar法）を使って、火山岩の年代を直接測ることができます。さまざまな手法を組み合わせて、火山の噴火史を理解するのです。

放射性物質で岩石の年代を測る

　K–Ar法とは、岩石や鉱物中にあるカリウムの放射性同位体が半減期12.5億年という一定の割合でアルゴンに放射壊変することを利用した年代測定法です（図1）。溶岩が固まった時点では、気体であるアルゴンはほとんど含まれないため、調べたい岩石の放射起源アルゴンの量と残っているカリウムの量を測定することで、年代値が計算できます。放射能や放射性物質は怖いイメージもありますが、医療で使うエックス線のように、その特徴を人間に役立つように使った例の1つです。

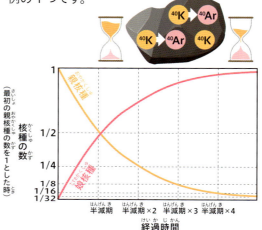

図1　K–Ar法など放射年代測定に利用する放射壊変のしくみ
K–Ar法では、^{40}K（質量40のカリウム）が親核種で、^{40}Ar（質量40のアルゴン）が娘核種。

雨風にさらされて岩石が風化してしまうと、蓄積したアルゴンが抜けたりして正しい年代値が得られなくなるので、測定に最適な岩石試料は研究者がハンマーを持って火山に登って採取します。また、地下深くで固まった斑晶鉱物には、噴火するより前のアルゴンが閉じ込められている場合があり、これもまた正しい値でなくなるので、火山岩の中から噴火直後に固まった石基の部分だけを集めて分析するために、実験室で丁寧に前処理をして、装置で分析します（図2）。地道な作業によって得た年代データは、産総研が作成している火山地質図（火山ごとに噴火史をまとめた地質図）や自然災害を予測したハザードマップにも役立てられています。

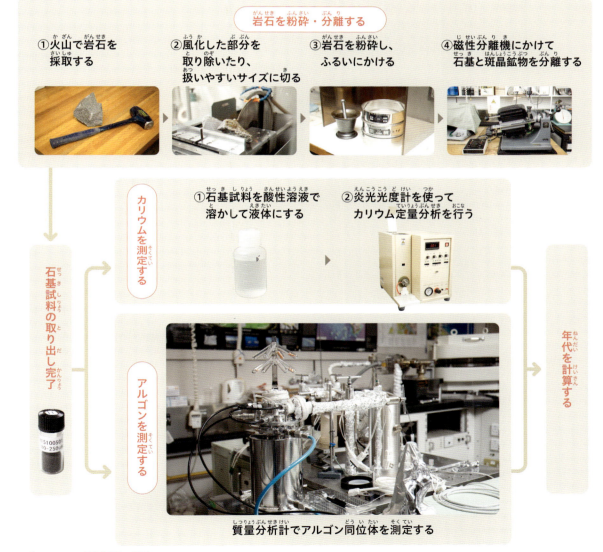

図2 K-Ar 年代測定の手順

教えて！火山の仕事
火山ガスから噴火の仕組みを知る

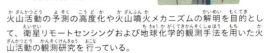

\ お話を伺ったのは /

東京大学 地震研究所
森田雅明 先生

火山活動の予測の高度化や火山噴火メカニズムの解明を目的として、衛星リモートセンシングおよび地球化学的観測手法を用いた火山活動の観測研究を行っている。

火山ガスは地球のおなら!?

火山活動の把握と推移、そして噴火を予測するために、東京大学地震研究所の火山噴火予知研究センターでは火山ガスを詳しく調べています。

火山ガスとは、火山の火口や噴気孔から出てくる気体。例えるなら地球の「おなら」です。体調や食べたものによって、おならのニオイや回数が変わるように、火山ガスも岩石の性質や岩石に含まれる成分の量、火山ガスが発生した地下の温度や圧力、マグマの量などによって地上に出てくるガスのタイプはさまざま。噴火が続いている鹿児島県の桜島と数年前に噴火のあった群馬県の草津白根山では火山ガスは異なります。つまり、火山ガスの成分から噴火の仕組みを理解し、噴火を予測できるというわけです。

噴火を予測する際は、火山ガスの成分と放出量に着目します。二酸化硫黄や二酸化炭素を多く含んだ高温（500～900℃）の火山ガスは、直接マグマから出ていると考えられ、これらの成分が増えると噴火が近づいていると予測が立てられます。火山ガスの研究はまだまだ発展途上にあり、明らかになっていないことも多く、今後の研究が期待されています。

火山ガスの仕組みと噴気の様子

マグマから噴煙とともに出てくる火山ガスは500～900℃と高温だが、地下で上昇するにつれて冷え（200～300℃）、火山に染み込んだ雨水である天水や空気が混ざったり、地下にある天水と火山ガスが混ざってできた温泉の溜り場である熱水系に溶け込んだりすると、低温（100℃）の噴気や温泉になる。日本のようなプレートが沈み込む場所にできた火山のガスは、主に水（水蒸気）、二酸化炭素、二酸化硫黄、塩化水素などからなるが、火山ガスが発生する場所によって温度が違うように、火山ガスに含まれる成分も変化する。

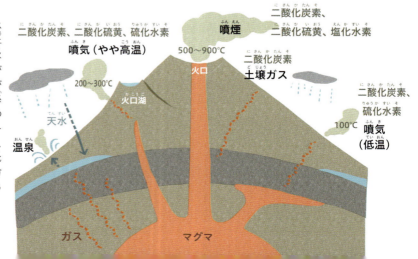

火山ガスの採取方法

以前は、研究者が防護服を着て噴気に近づき、アルカリ溶液を入れたガラスボトルに火山ガスを採取していましたが、現在は「マルチガス」と呼ばれる、採取した火山ガスの成分をデータ化して受信できる装置を使った観測も行われています。マルチガスは、噴気口に設置して使用しますが、自動にしたり、小さく軽くしてドローンに搭載すれば、火口が大きくて噴気口に近づけなかったり、噴火がまだ起きていたり、さまざまな理由からこれまで観測を断念していた場所でも観測することが可能です。噴気に含まれる火山ガスの成分は多くが有毒で、硫化水素や二酸化炭素は、火山のくぼ地などに溜りやすくニオイがしない（硫化水素は高濃度だとニオイを感じなくなる）ため、気がつかないうちに意識を失うといった事態も起きていましたが、そのような危険をあらかじめ防ぐこともできます。近年は、人工衛星による観測も行われています。

霧島火山硫黄山の火山ガス
この写真は、噴火のない時でも噴気として絶えず出てくる火山ガスを撮影したもの。火山ガスにはこのほかに、噴火によって火口から噴煙と一緒に出てくるもの、温泉に混じって出てくるもの、火山の山体から染み出てきて見えないものなどさまざまある。

火山ガス採取の様子
研究者はヘルメットをかぶり、防護マスクをつけ、防護服を着て噴気に近づくと、チューブをつないだパイプ（多くはチタン製）を噴気孔に差し込み、アルカリ溶液を入れたガラスボトルに火山ガスを採取する（左）。火山ガスだけでなく、噴気中の水蒸気を凝縮させた水の採取も行うことがある（右）。

マルチガスによる火山ガスの採取
マルチガスは、複数のガスセンサーやポンプなどをコンパクトにまとめたもので、火口や噴気孔から出てくる噴煙に多く含まれる成分の濃度を測定できる。噴気孔の近くにセットするタイプとドローンに搭載可能な小型タイプがある。いずれも研究者が手づくりする場合があり、このマルチガスは森田先生がつくったもの。装置の大きさは縦20㎝、横35㎝、高さ11㎝。

人工衛星によるモニタリングも実施
人工衛星のセンサーを利用して、大気中に放出された二酸化硫黄や火山灰の量を調べたり、火山の表面の熱異常（溶岩や火砕流、噴気などによって高温になっているところ）を見つけ出したりしている。

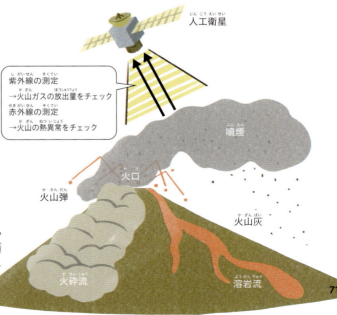

71

火山と環境 1　噴火による気候変動

　噴火は気候を変えることがあります。大きな爆発的噴火では、多量の火山噴出物や火山ガスを空高く舞い上げます。軽石や粗い火山灰などの大きな粒子は、すぐに落ちていきますが、細かい粒子はなかなか落ちません。特に火山ガスに含まれている二酸化硫黄はとても細かいエアロゾルと呼ばれる粒々になります。地表から10～15km以上の上空（成層圏）に噴煙が達するような大きな噴火では、このようなエアロゾルが数年以上もただよい続け、空をにごらせます（図1、2）。そのため日傘のように太陽の光をさえぎることで、地球の気温が下がり寒くなります。実際、VEI5以上の噴火が起こると数年程度、地球の気温が下がり寒くなっています。

　1991年6月15日に、フィリピンのピナトゥボ火山でカルデラをつくる大きな噴火が起きました。このあとの数年は、噴火によってつくられたエアロゾルの影響で、日本でも異常に赤い夕焼けが見えました（図3）。また、空がにごったため、1993年には日本では記録的に寒い夏となって米があまりとれず、食料不足となりました。そのため、タイなどの外国から緊急に米を輸入しました。このように非常に大きな噴火では、遠く離れた場所でも、身近な生活にかなりの影響が出ます。

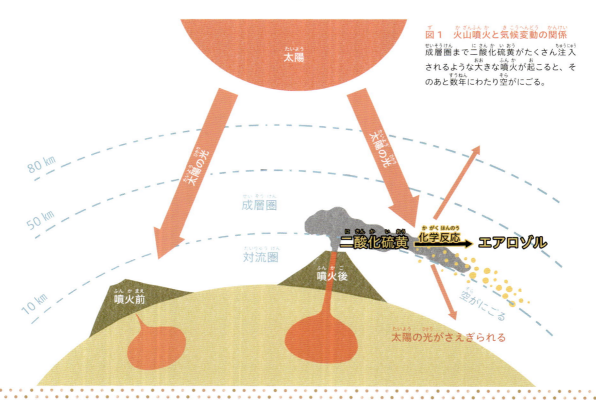

図1　火山噴火と気候変動の関係
成層圏まで二酸化硫黄がたくさん注入されるような大きな噴火が起こると、そのあと数年にわたり空がにごる。

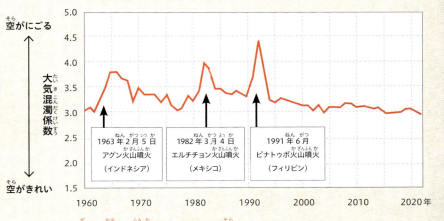

図2 大きな噴火があるとしばらく空がにごる
グラフは、1960～2022年の日本の上空のにごり具合を観測した結果で、グラフの上の方を示すほど空はにごる。アグン火山噴火（VEI4）、エルチチョン火山噴火（VEI5）、ピナトゥボ火山噴火（VEI6）などの噴火のあと、空がにごったことがわかる。

図3 ピナトゥボ火山噴火による異常に赤い夕焼け

コラム 月食と火山噴火

　噴火による空のにごり具合を皆既月食の時に簡単に観測できます。月全体が地球の影に隠れる皆既月食の時、月は赤く光ります。この時の月の赤みは、ダンジョン・スケールと呼ばれるもので分類されていて、一番明るいものは、4となります。一方、大きな火山噴火で空がにごると皆既月食は暗くなりダンジョン・スケールは1以下になります。実際、1993年6月4日の月食は、1991年のピナトゥボ火山噴火の影響により、ダンジョン・スケールが1となりました。世界のどこかで大きな噴火があった時、皆既月食の赤みを観察してみてください。

ダンジョン・スケール	月面の様子	色	
4	オレンジ色の非常に明るい食。外縁部は青みがかっており大変明るい。	オレンジ色	🟠
3	赤いレンガ色の食。影は、多くの場合、非常に明るい灰色もしくは黄赤の部位によって縁取りされている。	明るい赤	🔴
2	赤もしくは赤茶けた暗い食。たいていの場合、影の中心に1つの非常に暗い斑点を伴う。外縁部は非常に明るい。	暗い赤	🔴
1	灰色かこげ茶色の暗い食。月の細部を判別するのは難しい。	灰色またはこげ茶色	⚫
0	非常に暗い食。月のとりわけ中心部は、ほぼ見えない。	黒（ほぼ見えない）	⚫

73

火山と環境2　川の変化や軽石の漂流

　噴火により撒き散らされた噴出物は、さらに雨や川の力で運ばれていきます。そのため、火山噴出物が厚く積もった火山近くでは、長い間土砂災害に悩まされます。さらに川の上流で火山が噴火すると、そのあと数百年以上も土砂が流れ込み続けます。そのため、下流でも川が浅くなって川から水をとることが困難になったり、洪水が起こりやすくなったりします。江戸時代の浅間山の天明噴火では、下流の利根川や江戸川に多量の土砂が流れ込み続けました。そのため、川底が浅くなったり、用水路の取水口が埋まったりして洪水が増えました（図1）。

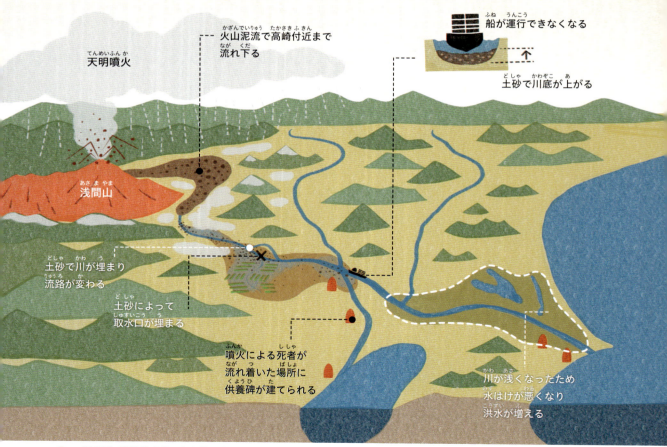

図1　浅間山の天明噴火後の利根川の変化

74

海底火山の噴火では、多量の軽石が海面に湧き出し、海面上に浮いた軽石がいかだのように集まり、広くかたまってただようことがあります（図2）。これは、「軽石いかだ（軽石ラフト）」と呼ばれ、海流にのって火山から1000km以上も離れた海岸まで押し寄せてくることがあります。多量の軽石が漂着すると、船の運航を妨げたり、港が使えなくなったり、魚の養殖ができなくなったりして大変困ります。このような軽石の漂流は、日本では数十年に1回発生しています（図3）。

図2　福徳岡ノ場の軽石いかだ
東京の南方1000kmの海底にある福徳岡ノ場が、2021年8月に多量の軽石が噴き出す大きな噴火を起こし、人工衛星からも見えるくらい大きな軽石いかだをつくった。海面を覆っている灰色の部分が軽石いかだで、これは西に1000km以上も離れた沖縄に漂着して、大きな被害を出した。

図3　過去100年あまりの間の南西諸島への軽石の漂着
沖縄を含めた南西諸島には、数十年に1回程度で、まとまった量の軽石が漂着している。東京の南に連なる伊豆小笠原諸島の海底火山（▲）で噴火が起こると、軽石が流れ着くことが多く、そのあと黒潮などにのって本州にもたどり着く。

75

おわりに

　少しは火山に興味を持っていただけましたか？ みなさんにお伝えしたかったことはもっとたくさんありましたが、えいやっ！といろいろ省いて、わかりやすく説明してみたつもりです。

　さて、どこかの火山に出かけてみましょう。まずは家族や友達と日帰りのハイキングはいかがでしょうか？ 電車やバスに乗って行けるような、火山がよく見える展望台へ出かけるのもよいですね。景色のよい火口湖やカルデラ湖もおすすめです。第2章で紹介した火山はいずれも日本を代表する火山ですが、紹介したい火山はもっともっとたくさんありました。活火山の中には、ジオパークなどとして、地学的におもしろそうな場所を積極的に紹介して上手に利用されている火山も多いです。ただし、活火山のある地域は偏っていて、日本全国どこにでもあるわけではありませんよね。ですが、火山が近くにないと諦めてはいけません。

　実を言うと、活火山に限って紹介したかったわけではありません。昔々の古い時代の火山の残骸、名残りというか、火山から噴き出した大きな岩や地層が削られておもしろい形になっていて、観光名所だったり文化財や天然記念物になっているところもたくさんあります。例えば、海底火山の溶岩が丸くなって積み重なっているとか（海底から陸地に持ち上がったので、もちろん古い時代の火山です）、崖沿いにたくさんの柱が並んでいるとか、これらは枕状溶岩と柱状節理ですね。聞いたことありましたか？ また、水平な地層を垂直に貫く岩もあります。これは、地下のマ

グマの通り道、岩脈です。見ただけで火山だとわかる山でなくても、こういう場所はいかがですか？ かえって古い時代にできた火山ほど、火山の中身がよく見える場所が多いです。ただし、活火山でも古い火山の残骸でも、国立・国定公園の中だったり天然記念物だったりすると、歩道以外は歩けなかったり、足元の小石さえ拾えなかったり、そもそも私有地だから立ち入れなかったりとか、やってはいけないことがいろいろあります。安全のために、また、自然を守るために、決められたルールはきちんと守って楽しみましょう。

話を活火山に戻します。例えば、気象庁が24時間体制で観測している活火山に限ってみても、国立・国定公園の中にあり、かつ、日本を代表する山として数えられた日本百名山でもありながら、この本のどの章でもまったく触れられていない火山は、十勝岳、八甲田山、岩手山、那須岳、乗鞍岳、白山、九重山など。さて、いくつ聞いたことがありますか？ これでもまだ半分くらいです。残りは何という火山でしょうか？ 全部わかったらすごいです。専門家でもすぐに全部は答えられない人が多いと思います。

「山高きが故に貴からず」という昔からの言葉があります。山が高いから、最近よく噴火しているからという理由だけで、重要な、あるいは、おもしろい火山というわけではないのです。火山を楽しむ方法はいろいろあります。いろいろなことを、ぜひ自分で調べてみてください。調べるきっかけはこの本のどこかにあります。みなさんが火山を見に行きたい時、噴火のニュースがあった時など、この本が少しでも役立てばとてもうれしいです。

さくいん

アア溶岩…16
秋田駒ヶ岳…6、22
浅間山…6、14-15、23、30、40、41、74
阿蘇カルデラ…24、25、46、47
阿蘇山…6、20、22、30、31、46、47
アトサヌプリ…6、32、33
安山岩…14、40

硫黄…33、36
伊豆大島…6、14、22、30、31、38、39、63、67
溢流的噴火…20

有珠山…6、14、20
雲仙岳…6、14
雲仙普賢岳…19

エアロゾル…72

御嶽山…6、24、30、44、45

海底火山…6、8、24、48、75、76
火映…41、46
火口…8、10、11、12、13、15、16、17、18、20、22、30、32、33、34、35、38、39、40、41、42、43、44、45、46、47、50、55、62、63、70、71
火口湖…35、36、37、45、46、47、70、76
火砕岩…16
火砕丘…11、16
火砕物…11、12、14、15、16、17、18、19、20、22、23、24、32、36、66、67
火砕流…11、19、40、41、46、50、65、68、71
火山ガス…12、13、19、21、32、33、36、50、52、53、56、57、68、70、71、72
火山岩…14、28、66、68、69
火山岩塊…17、45
火山監視・警報センター…56、57
火山災害…50、51、52、56、58
火山性地震…56
火山性微動…56
火山弾…15、18、22、36、37、40、41、71
火山地質図…64、65、69
火山泥流…40、50、74
火山灰…8、10、11、17、18、22、34、36、39、40、42、43、45、46、50、

51、57、58、66、67、71、72
火山爆発指数…24
火山防災協議会…54、55
火山防災マップ…54、55
火山礫…17
火成岩…14
活火山…2、3、6、30、44、58、64、65、76、77
活動火山対策特別措置法…54
火道…10
軽石…15、18、23、24、40、41、45、58、66、67、72、75
カルデラ…11、24、25、30、32、33、34、35、38、39、46、47、66、72、76
岩塊…17、18、40、45、50
岩屑なだれ…34

気象庁…3、6、18、19、30、52、54、55、56、57、68
巨大噴火…32、46
霧島火山硫黄山…53
霧島火山新燃岳…18

空振計…52、56、57
屈斜路カルデラ…32

警戒避難…50、51、54、55
傾斜計…52、53、56、57、68
結晶分化作用…13
玄武岩…14

降下火砕物…18、66、67
降下火山灰…50
神津島…6、14
降灰予報…56、57
国土地理院…60

蔵王山…6、30、31、36、37
桜島…6、8、14、17、23、24、58、65、70
産総研地質調査総合センター…60、64
山体崩壊…34、35、43、50
山頂カルデラ…38、39
山頂噴火…38、42

ジオパーク…30、31、35、39、41、47、76
地震計…52、53、56、57、61、68
深部低周波地震…56

水蒸気噴火…20、21、34、44
スコリア…15、22、36、37、39、42、43
ストロンボリ式噴火…22、38、46

諏訪之瀬島…6、23

成層火山…10、11、14、30、32
石基…14、15、69

側火口…10、42
側噴火…10、42

ダンジョン・スケール…73

地殻変動…56、57
地形図…60、62
地磁気…52、56
地質図…28、39、43、60、64、65、66、69
地質調査…52、68
地熱…52
鳥海山…6、30、31、34、35
超巨大火山…48
地理院地図…60、62

デイサイト…14、40
天明の浅間焼け（天明噴火）…40、41、74

投出岩塊…18、50
土砂災害…50、74

流れ山…34

新島…6、14
二酸化硫黄…13、70、71、72
二酸化炭素…12、13、70、71

熱活動…56、57
熱水…21、52
年代測定…68、69

爆発的噴火…20、22、23、72
箱根山…6、67
ハザードマップ…54
馬蹄形カルデラ…35
パホイホイ溶岩…16
ハワイ…8、9、11、16、22、48
ハワイ式噴火…22
斑晶…14、28、69

ビジターセンター…30、32、41、44、58
避難計画…54、55

福徳岡ノ場…6、21、24、75
富士山…6、10、11、13、14、15、25、30、31、42、43、44、45、48、55、63

部分溶融…13
プリニー式噴火…15、23、40、43
ブルカノ式噴火…15、23、40
プレートテクトニクス…9
ブロック溶岩…16
噴煙…2、8、10、18、19、23、36、40、46、47、52、58、66、70、71、72
噴火警戒レベル…55
噴火警報…56、57、68
噴火シナリオ…54
噴火マグニチュード…24
噴火割れ目…39
噴気…32、33、52、53、70、71
噴気孔…33、36、37、46、53
噴出物…10、11、24、43、50、52、62、63、64、65、66、72、74
噴石…18、50

崩壊カルデラ…34、35
北海道駒ヶ岳…6、23

マグマ…8、9、10、11、12、13、14、15、16、17、19、20、21、22、38、41、46、52、53、56、60、63、66、70
マグマ水蒸気噴火…21
マグマ溜り…10、11、12、13、21、53、56
マグマ噴火…20、21、44
摩周湖カルデラ…33

三宅島…6、17、66

融雪泥流…50、51

溶岩…10、11、12、13、14、16、17、19、22、24、38、39、40、41、42、43、50、62、63、65、66、68
溶岩樹型…43
溶岩地形…63
溶岩ドーム…11、14、16、19、32、33、34、35
溶岩トンネル…43
溶岩噴火…20
溶岩噴泉…22
溶岩流…10、13、16、19、38、39、40、42、43
横岳…16、63

流紋岩…14

割れ目火口…10、34、42
割れ目噴火…10

［ 引用元、出典、写真提供・撮影者一覧 ］

カバー・表紙
左上・伊豆大島の地層大切断面（東京都伊豆諸島）、右上および左中・桜島（鹿児島県）の噴煙と火映、下・雲仙普賢岳（長崎県）1993年6月9日撮影、いずれも及川 輝樹 撮影

p.6
日本の火山データベースより

p.7
西之島、東京都小笠原諸島、中野 俊 撮影

p.8〜9
図1 中野 俊 撮影（2010年1月14日）
図2 スミソニアン博物館資料をもとに作成

p.10〜11
図2 古川竜太 撮影
図3 中野 俊 撮影

p.12〜13
図1〜2 中野 俊 撮影

p.14〜15
図2〜4 中野 俊 撮影

p.16〜17
図1〜4 中野 俊 撮影
図3 右 火山灰データベース（日本の火山）

p.18〜19
図1 中野 俊 撮影（2018年3月9日）
図2 中野 俊 撮影（2011年1月27日）
図3 気象庁口永良部島本村西監視カメラによる映像（2018年12月18日）。気象庁HPより。
図4 及川輝樹 撮影（2018年3月28日）

p.20〜21
図1 及川輝樹 撮影（2014年11月29日）
図2 及川輝樹 撮影（2000年4月2日）
図4 海上保安庁 撮影（1986年1月21日）、海上保安庁海洋情報部海域火山データベース（https://www1.kaiho.mlit.go.jp/kaiikiDB/photo/fukutoku/fukutoku-28.jpg）より

p.22〜23
図1 M. Patrick 撮影（2022年11月29日）、USGS HP（https://www.usgs.gov/media/images/november-29-2022-mauna-loa-northeast-rift-zone-eruption-0）より（Public Domain）
図2 正井義郎 撮影（1970年）
図3 及川輝樹蔵の戦前発行の絵葉書
図4 及川輝樹 撮影（2022年10月19日）

p.28
図1〜2 及川輝樹 撮影

p.29
磐梯山の噴火のスケッチ、出典 Sekiya, S. and Kikuchi, Y.（1890）The eruption of Bandai-san. Jour. Coll. Sci. Imp. Univ. Tokyo, vol.13, no.2, p.91〜172, Plate 21, Fig.1.

p.30〜31
図1 浅間山 古川竜太 撮影、そのほか 中野 俊 撮影

p.32〜33
図1〜3 及川輝樹 撮影（2022年6月）

p.34〜35
図1、3〜4 中野 俊 撮影
図2 中野 俊（1993）鳥海山、地質ニュース , no.466, p.6〜17 第5図をもとに作成

p.36〜37
図1〜4 及川輝樹 撮影（2014年10月）
図5 巨智部忠承（1886）蔵王山爆裂調査概報（承前），地学雑誌 , 8, 285〜288p. のスケッチより作画

p.38〜39
図1 中野 俊 撮影（1986年11月19日）
図2 先原章仁 撮影（2006年）
図3 中野 俊 撮影
図4 川辺禎久（2021）伊豆大島火山地質図（暫定版2021）地質調査総合センター研究資料集，nｏ.719，産総研地質調査総合センターをもとに作成

p.40〜41
図1 及川輝樹 撮影
図2 佐久市五郎兵衛記念館 提供
図3 中野 俊 撮影
図4 松嶋 真 撮影（2004年10月7日）

p.42〜43
図1、3〜4 中野 俊 撮影
図2 高田 亮ほか（2016）富士火山地質図（第2版）。特殊地質図12，産総研地質調査総合センター , 56p をもとに作成

p.44〜45
図1〜2 及川輝樹 撮影
図3 及川輝樹 撮影（2014年9月28日）
図4 町田・新井（2003）を参考に作画、写真は及川輝樹 撮影（2023年2月）

p.46〜47
図1 及川輝樹 撮影
図2 宮縁育夫 撮影（2015年1月13日）
図3 及川輝樹 撮影（2002年9月2日）
図4 阿蘇山草千里監視カメラによる映像（2021年10月20日11時43分）。気象庁HPより。

p.48
『地球を突き動かす超巨大火山 新しい「地球学」入門（ブルーバックス）』佐野貴司 , 講談社 , 226p.

p.49
三宅島、東京都伊豆諸島、中野 俊 撮影

p.52〜53
図1〜2、4 及川輝樹 撮影

p.54〜55
図2 富士山火山防災対策協議会、令和3年度版富士山ハザード統合マップより

p.56〜57
図1〜2 気象庁提供資料より作画

p.58
図1 福山博之・小野晃司（1981）桜島火山地質図，地質調査所発行より
図2 及川輝樹 撮影

p.62〜63
図1 国土地理院地理院地図（https://maps.gsi.go.jp/）に加筆
図2〜4 国土地理院地理院地図（https://maps.gsi.go.jp/）に加筆。図2は標準地図＋陰影起伏図，図3、4は、標準地図＋斜度図

p.64〜65
図1 産総研地質調査総合センター日本の火山データベース（https://gbank.gsj.jp/volcano/）に加筆
図2 小林哲夫ほか（2013）桜島火山地質図（第2版），産総研地質調査総合センター発行に加筆

p.66〜67
図1〜4 及川輝樹 撮影

p.68〜69
図2 恩田拓治 撮影

p.70〜71
図1 Hedenquist, J. and Lowenstern, J.（1994）The role of magmas in the formation of hydrothermal ore deposits. Nature 370, 519〜527をもとに作画、写真は森田雅明 撮影
図2〜4 森田雅明 撮影

p.72〜73
図2 気象庁HP「エーロゾル：大気混濁係数とエーロゾル光学的厚さの経年変化」（https://www.data.jma.go.jp/env/aerosolhp/aerosol_shindan.html）をもとに作成
図3 渡部 剛 撮影・提供

p.74〜75
図2 気象庁 提供。気象庁気象観測船啓風丸より撮影（2021年8月22日）。
図3 及川輝樹ほか（2023），多量の漂流軽石を発生させる噴火―南西諸島における軽石の漂着記録とその給源火山の活動から , 火山，68，171〜187p. をもとに作成

p.76
左・佐渡島（新潟県）、右の左上・根室（北海道）、右の右上・青ヶ島（東京都伊豆諸島）、右の下・日御碕（島根県）、いずれも中野 俊 撮影

p.77
左・東尋坊（福井県）、右・壱岐島（長崎県）、いずれも中野 俊 撮影

及川輝樹

産業技術総合研究所地質調査総合センター（GSJ/AIST）活断層・火山研究部門の主任研究員。博士（理学）。専門は地質学、火山学、第四紀学で、最近は火山防災に関するアドバイスを行うことが増えている。著書に『ヤマケイ新書 日本の火山に登る 火山学者が教えるおもしろさ』（共著、山と渓谷社）、翻訳書に『世界の火山百科図鑑』（共訳、柊風舎）がある。

中野 俊

産業技術総合研究所地質調査総合センター 活断層・火山研究部門 客員研究員。専門は火山地質学。

STAFF
イラスト　ササオカミホ
地図製作　もぐらぽけっと
カバーデザイン　熊谷昭典、宇江喜桜（SPAIS）
本文デザイン　御堂瑞恵
校正　新宮尚子
撮影協力　恩田拓治
取材協力　菊田純子、鶴留聖代

子供の科学サイエンスブックス NEXT
正しく知る！ 備える！ 火山のしくみ
噴火の基本から防災、火山登山の魅力まで徹底解剖！

2024 年 12 月 10 日　発　行　　　　　　　　　　NDC450

著　　者　　及川輝樹／中野 俊
発 行 者　　小川雄一
発 行 所　　株式会社 誠文堂新光社
　　　　　　〒113-0033 東京都文京区本郷 3-3-11
　　　　　　https://www.seibundo-shinkosha.net/
印刷・製本　TOPPANクロレ 株式会社

©Teruki Oikawa,Shun Nakano. 2024　　　　　Printed in Japan

本書掲載記事の無断転用を禁じます。

落丁本・乱丁本の場合はお取り替えいたします。

本書の内容に関するお問い合わせは、小社ホームページのお問い合わせフォームをご利用ください。

JCOPY <（一社）出版者著作権管理機構　委託出版物>
本書を無断で複製複写（コピー）することは、著作権法上での例外を除き、禁じられています。本書をコピーされる場合は、そのつど事前に、（一社）出版者著作権管理機構（電話 03-5244-5088 ／ FAX 03-5244-5089 ／e-mail：info@jcopy.or.jp）の許諾を得てください。

ISBN978-4-416-52347-6